L'usage des jambes

Guillaume Henry

Belin

Certains des éléments de cet ouvrage prennent appui sur des fiches techniques créées par Alain Francqueville. Qu'il trouve ici l'expression de toute ma gratitude pour sa collaboration.

© Couverture : Alain Laurioux

Crédits photographiques : L'ensemble des photographies de cet ouvrage sont d'Alain Laurioux exceptées les photographies de Thierry Segard (pp. 40, 51, 54, 59, 61), DR (pp.41 bas, 44, 48, 50, 52), Michel Henriquet (p. 52).

Dessins de Marine Oussedik.

ISBN 978-2-410-00560-8
170 bis, boulevard du Montparnasse 75680 Paris cedex 14

Sommaire

*« Sème une pensée,
et tu moissonneras une action ;
Sème une action,
et tu récolteras une habitude ;
Sème une habitude,
et tu récolteras un caractère ;
Sème un caractère,
et tu récolteras un destin. »*

Thackeray

Avertissement

Cet ouvrage vous présente les principaux éléments à connaître concernant l'usage des jambes. Il est essentiellement fondé sur les écrits des maîtres de l'œuvre équestre, notamment depuis le XVIe siècle. Le seul écart permis est de colorer mon discours de ma propre expérience, afin de le rendre aussi pratique que possible, sans pour autant dénaturer notre « patrimoine ». Les lignes qui suivent se veulent donc une base de réflexion, un aide-mémoire aux accents « classiques », pour vous permettre de travailler.

Pour reprendre une célèbre phrase du Bouddha[1] : « Je vous montre le chemin, mais c'est à vous de le parcourir. »

Tout ce qui est écrit dans ces pages est une base, mais c'est à vous de faire votre expérience et de tirer vos propres conclusions ; c'est à vous de parcourir votre propre chemin, d'éprouver ce savoir pour mieux l'approuver et, éventuellement, de le transmettre à votre tour.

On peut décrire pendant des pages et des pages le bien-être que procure un verre d'eau quand on a soif, ce n'est que si vous en faites vous-même l'expérience que vous en prendrez toute la mesure.

L'équitation « est une science dans sa conception et un art dans sa réalisation »[2]. Voici donc quelques éléments de science, extraits de l'équitation dite « classique », sur lesquels vous

1. Né au VIe siècle et mort aux environs de 470 avant Jésus-Christ : un très grand maître... mais dans un autre domaine.
2. Docteur André, vétérinaire, *Mécanique du cheval*, Imprimerie Lavaur, 1950.

pouvez vous reposer, sur lesquels vous pouvez prendre appui pour mieux vous réaliser, pour que vos heures à cheval deviennent aussi un art et, finalement, pour témoigner, préserver, enrichir, la longue chaîne dont vous êtes maintenant, aussi, un maillon.

Montez, montez encore, le plus souvent possible, le plus grand nombre de chevaux possible, de tous types, de tous profils, des petits, des grands, des jeunes, des vieux, des bons, des moins bons, en manège, en carrière, sous la pluie, dans la neige, dans la chaleur cuisante de l'été ; entourez-vous d'enseignants, soyez curieux, regardez les autres, apprenez, toujours, tout le temps ! Chaque seconde, quelle qu'elle soit, est la meilleure des occasions pour progresser. N'attendez pas – comme ceux qui ne progresseront jamais – qu'il fasse beau, que vous disposiez d'un meilleur cheval, d'un meilleur enseignant, que vous ayez mieux dormi, mieux mangé, que vous soyez en forme, que vous ayez une autre selle ou quoi que ce soit. Ne cherchez pas continuellement une excuse pour ne pas être, ici et maintenant, au maximum de votre expérience, au maximum de votre concentration, au maximum de votre travail, au maximum du plaisir.

Il y a toujours quelque chose qui pourrait être mieux, qui ne va pas ou que vous voudriez (ou pourriez) changer. Alors, pas d'excuses, c'est à vous, maintenant, d'être, au sens large du terme, c'est-à-dire d'exister, d'écouter, de voir, de sentir, de goûter, de humer, de profiter pleinement de ce moment qui vous est offert de partager la vie avec un cheval. Lisez ces pages, puis, quel que soit votre niveau, à cheval !

C'est maintenant à vous de faire un pas de plus vers votre monture, c'est maintenant à vous de faire un pas de plus sur votre propre chemin.

Le général L'Hotte[3] écrivait que « l'équitation ne s'apprend pas dans les livres qui n'instruisent guère que ceux qui savent déjà ». C'est vrai.

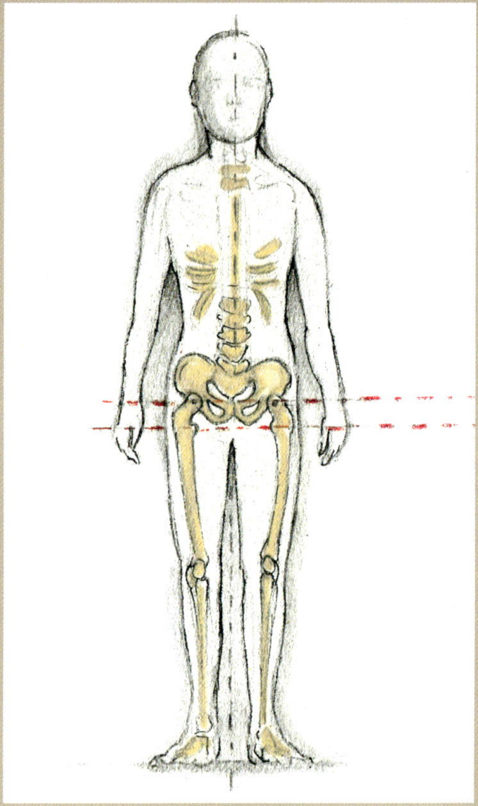

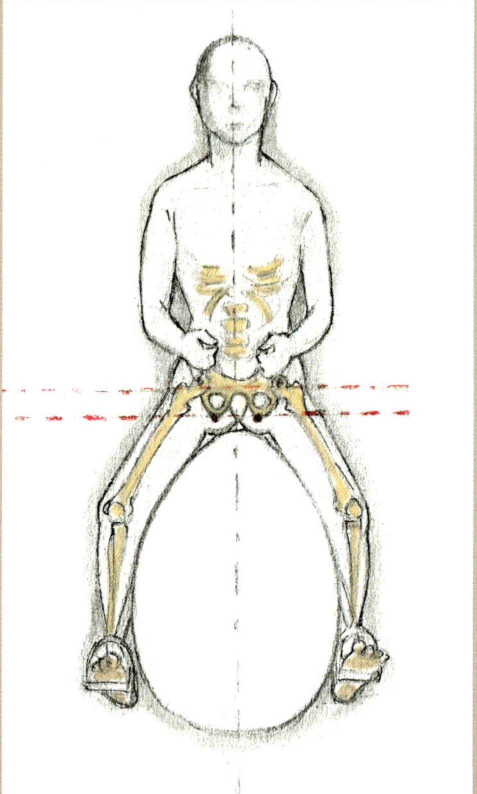

Le cavalier à cheval

3. Général Alexis L'Hotte, 1825-1904.

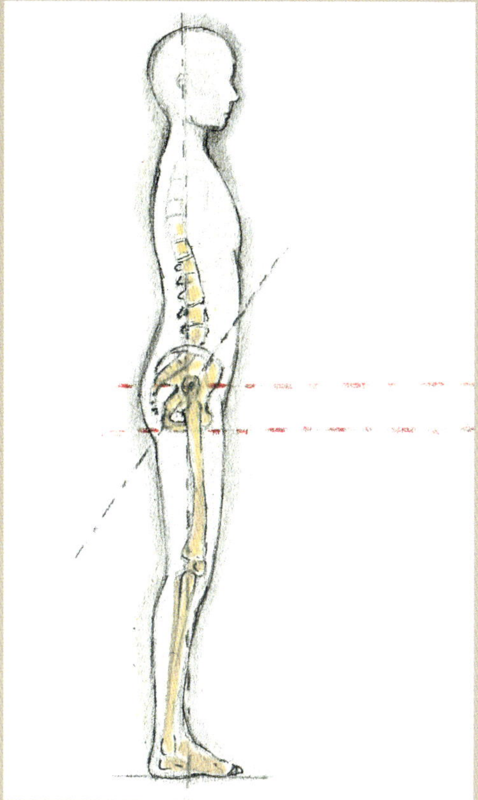

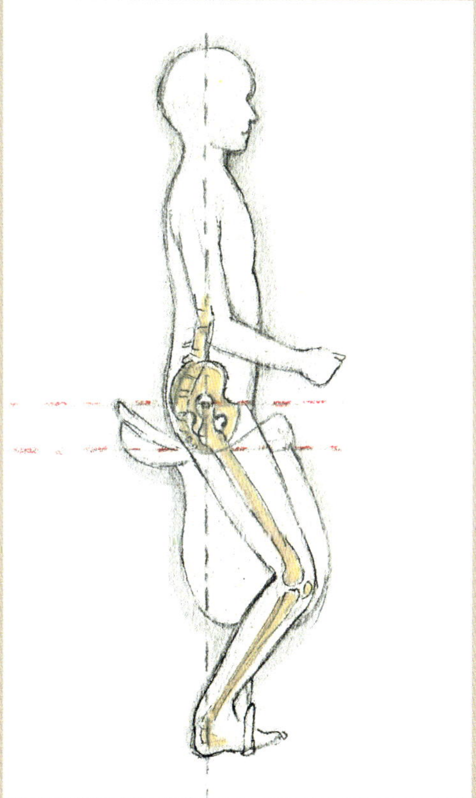

Le cavalier à cheval

Cela étant, je préfère toujours rappeler la sagesse du maître Nuno Oliveira[4] : « Il faut monter beaucoup, sans pour autant laisser les livres se couvrir de poussière » ! En effet, si l'on n'apprend pas à monter dans un livre (mais à cheval), il est indispensable de raisonner, de comprendre ce que l'on fait, ce que l'on cherche, de savoir comment le demander, et de s'enquérir des réponses aux problèmes susceptibles d'être rencontrés, pour progresser au-delà de ce qui nous est « facile ».

Cet ouvrage est donc un guide, auquel vous pourrez vous reporter pour ne pas oublier la théorie, la « méthode » et ses principes. Vous devez le lire, le relire, y revenir souvent, jusqu'à percevoir ce qui se cache entre ses lignes. Couplé avec « le terrain » – et plus exactement avec le travail auprès de professionnels expérimentés dans le domaine général de l'instruction et du dressage en particulier –, ce petit livre et votre expérience vous permettront d'acquérir un bon usage des jambes.

4. Nuno Oliveira, 1925-1989, écuyer portugais, « la plus grande intelligence équestre du xxe siècle... »

Généralités

« Des jambes ! Des jambes ! » Si tous les enseignants vous le disent et vous le répètent sans cesse... il doit bien y avoir une raison !

Pour vous en convaincre, méditez sur cette phrase du colonel Challan-Belval[5] : « L'équitation est l'exploitation de l'impulsion : ce n'est pas que cela, mais c'est toujours cela ! »

L'impulsion, ce désir permanent du cheval, naturel ou acquis de se porter en avant (à ne pas confondre avec la vitesse, l'impulsion se caractérisant par la mise en jeu de l'ensemble des forces musculaires, l'engagement des postérieurs et l'énergie de leur détente[6]) se crée et s'entretient principalement par l'action de l'assiette et des jambes.

L'assiette

« L'assiette est la qualité qui permet au cavalier de demeurer maître de son équilibre, en toutes circonstances et quelles que soient les réactions du cheval. Une bonne assiette, liante et ferme, assure l'indépendance des mouvements et une complète liberté d'esprit. »[7]

Elle conditionne aussi l'aptitude du cavalier à se lier, par le jeu du rein, aux ondulations du dos du cheval aux différentes allures.

5. *Dressage*, éditions Lavauzelle.

6. Pour vous donner une image : l'impulsion c'est « l'énergie » possible, le compte-tours, tandis que la vitesse c'est ce que l'on fait de cette « énergie », c'est le nombre de kilomètres par heure.

7. *Manuel d'équitation*. Mais vous trouverez tout ce qu'il faut savoir à ce sujet dans *Assiette et position*, même auteur, même collection.

Comment l'assiette permet-elle de tenir à cheval ? Le principe est simple. Le cavalier est assis sur le dos du cheval. Quand le cheval bouge, l'ensemble de son corps bouge. Le cavalier reçoit donc directement « dans les fesses » les différentes ondulations du dos de sa monture. S'il veut se lier avec elle, il doit accompagner ces ondulations. Or, que se passe-t-il généralement ? Lesdites ondulations le secouent tellement, qu'il a plutôt tendance (résurgence de l'instinct de survie) à contracter ses jambes (et à les serrer), à s'agripper avec ses mains, à raidir son rein pour éviter d'être secoué. Il n'a pas du tout le réflexe de se laisser totalement aller pour épouser le mouvement. Le cavalier entre alors dans un cycle infernal : plus il se contracte, plus son cheval se contracte ; plus son cheval se contracte, plus il secoue son cavalier ; plus il le secoue, plus le cavalier se raidit davantage encore, etc.

Vers quoi faut-il tendre ? Pour l'expliquer, prenons l'exemple du cycliste. Il peut s'asseoir sur sa selle, sans éprouver le besoin de se raccrocher au guidon pour se tenir, ni d'enserrer le cadre avec ses jambes. La selle restant parallèle à la route et sans mouvement autre que sa translation, il est assis sur la selle, en équilibre sur ses fesses, et conserve l'indépendance de ses mains et de ses jambes.

Et bien voilà, il suffit « simplement » de faire la même chose à cheval !

Le problème, bien sûr, est que notre selle à nous... bouge ! Et différemment à chaque allure ! Il nous faut donc « coller » nos fesses à la selle de façon à ne pas avoir à se raccrocher avec nos mains ou nos jambes. C'est ce que l'on appelle acquérir une assiette moelleuse et enveloppante, qui, seule, favorise l'indépendance des aides. C'est indispensable pour devenir maître de son équilibre et pour que les mains et les jambes ne soient plus des moyens de tenue ; ce n'est qu'ainsi que l'usage de l'une ou de l'autre main, de l'une ou de l'autre jambe, s'effectuera avec dextérité, précision (on parle de justesse, de mesure et d'à-propos) et sans que cela influe sur tout ou partie du reste du corps.

Il faut apprendre à s'assoir sans utiliser ses mains ou ses jambes comme moyen de tenue.

Dans le cadre de notre sujet (les jambes), on peut affirmer qu'une bonne assiette, parce qu'elle assure une complète liberté des jambes, est un préliminaire indispensable à leur bon (!) usage.

L'assiette, aide propulsive

Comment l'assiette permet-elle de se lier aux ondulations du cheval ? Grâce (en partie) au jeu du rein. Le rein ne désigne pas ici « les reins », c'est-à-dire les deux organes que vous avez dans le corps, mais la partie de votre dos située entre le bassin et les omoplates. C'est parce que vous laisserez cette partie libre de toute contraction que vous parviendrez à amortir (à « encaisser ») les ondulations du dos du cheval (même au trot assis !) et que vous pourrez ainsi vous lier à tous les mouvements, quelle que soit l'allure.
Dès que vous parviendrez à vous lier, vous pourrez aussi agir. Avec vos mains et vos jambes bien sûr (puisqu'elles ne seront plus des moyens de tenue), mais également avec votre assiette. Car à partir du moment où votre cheval imprime, par son déplacement, un mouvement à votre bassin, vous pourrez, par réciprocité, agir sur son dos, donc sur son déplacement par l'intermédiaire de ce bassin.

Comment ?

En accentuant le mouvement de votre bassin, vous favoriserez le fonctionnement du dos de votre monture et par là même l'allongement de son allure ; inversement, en ralentissant le mouvement de votre bassin, en « pesant » sur son dos, vous diminuerez son allure. D'ailleurs, n'avez-vous jamais remarqué qu'en balade, le cheval de votre moniteur (ou de votre monitrice) va toujours plus vite que les autres ? Qu'il marche toujours d'un pas plus ample ? Outre des facteurs favorisant cet effet (chevaux généralement plus sportifs, possédant une plus grande amplitude, en tête de la troupe), la différence vient souvent du fait que l'enseignant accompagne

Le cheval du moniteur, ou de la monitrice, va toujours plus vite.

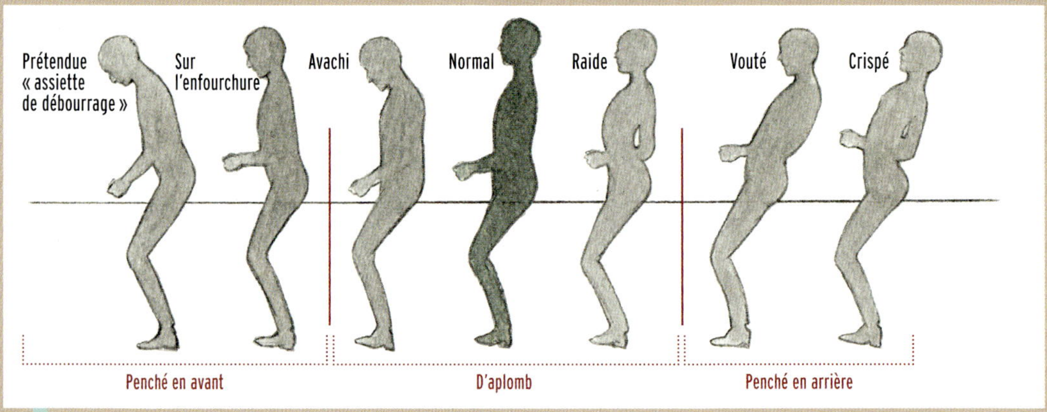

L'assiette et ses défauts (d'après Wilhelm Müseler).

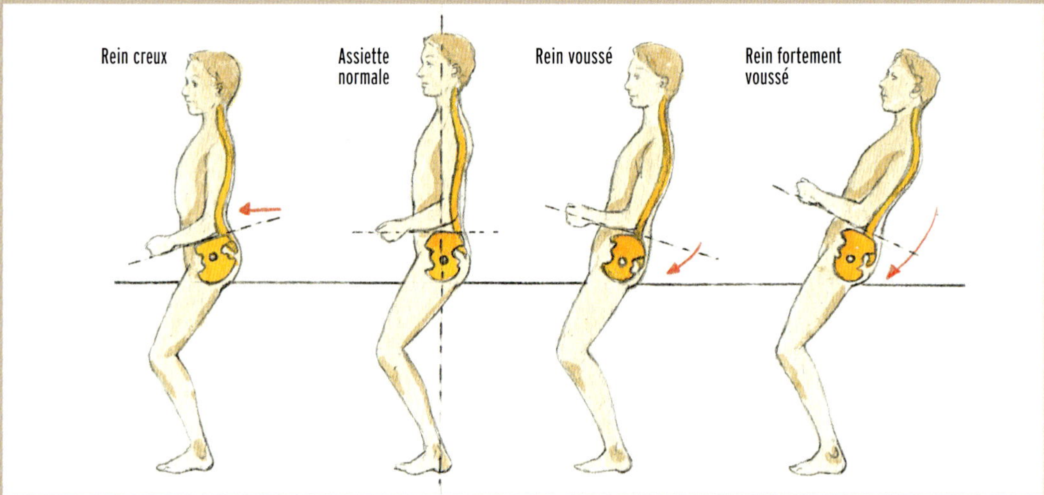

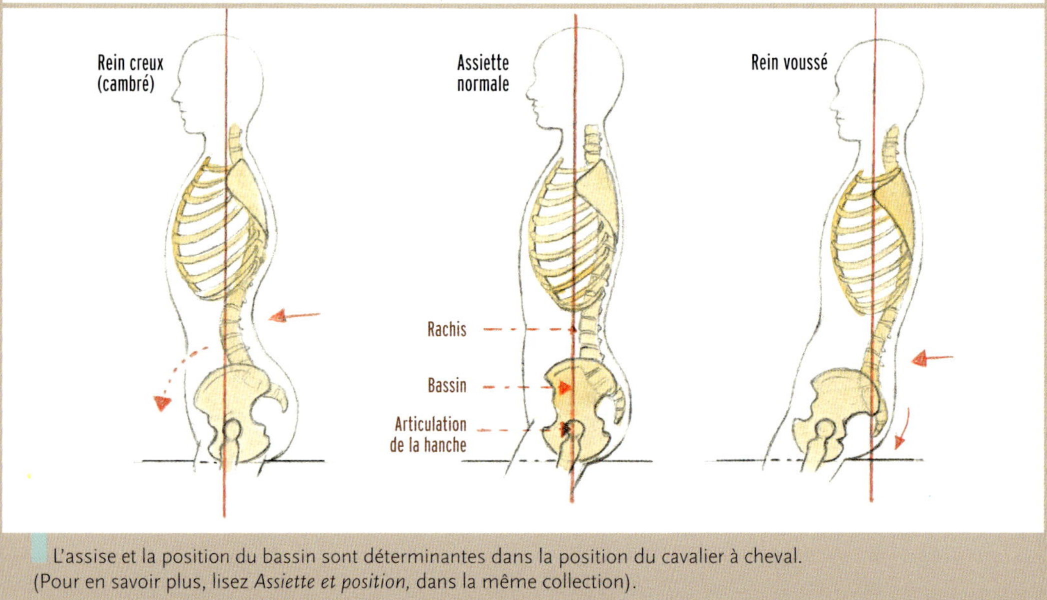

L'assise et la position du bassin sont déterminantes dans la position du cavalier à cheval. (Pour en savoir plus, lisez *Assiette et position*, dans la même collection).

« naturellement » le dos de son cheval, contrairement à ses élèves qui, par leur manque de souplesse et de fonctionnement (bien légitime !) n'accompagnent pas.

Le bassin, par le jeu du rein, est donc une aide propulsive, qu'il suffit parfois simplement de déclencher, sur un cheval bien mis, pour commander une allure.

On peut donc dire que l'action des jambes débute par l'emploi de l'assiette. Il n'y a plus alors qu'à s'exercer à faire jouer son bassin : d'abord en apprenant à être passif pour simplement se lier et bien ressentir dans quel sens il évolue, ensuite, d'une manière plus active en influant sur l'allure. Pour tout cela, il faut s'exercer ! Car le mouvement du rein, à cheval, n'est pas inné. Cette « souplesse typiquement cavalière » s'apprend et se développe.

Une fois chose faite, vous vous apercevrez que vous vous liez facilement avec votre cheval, et que vous êtes « avec » lui au lieu d'être « contre » lui. Vous ressentirez aussi pleinement l'ondulation de son dos, puis, à force d'entraînement, le mouvement de son corps et de ses membres. Parce que vos perceptions s'affineront, le dialogue que vous entretiendrez avec votre monture s'affinera d'autant. Vous pourrez pleinement chercher à diminuer l'intensité de vos demandes, pour un même résultat et ainsi accéder à la légèreté.

Quand le dialogue s'affine, une conversation et une progression mutuelles s'instaurent dans une voie faite d'écoute et de délicatesse, indiscutables conditions pour déterminer et perpétuer une avancée noble et raisonnée de l'équitation.

Mais nous n'en sommes pas là. Pour l'instant, rappelons-nous ceci : l'assiette permet de tenir sur son cheval, mais aussi de se lier à lui. Elle est indispensable pour favoriser la complète liberté des jambes, et elle est le premier facteur de l'impulsion.

Les jambes commencent donc par l'assiette.

Un bon usage des jambes commence par une bonne assiette.

Les actions des jambes sur le corps du cheval

L'action des jambes ne résulte pas d'un effet mécanique ou d'une sorte d'automatisme chez le cheval. Si vous mettez un petit coup de cravache sur le postérieur d'un de vos collègues, il y a fort à parier qu'il rentre les fesses et fasse un bond en avant.

Pour vous en rendre compte, faites l'expérience! C'est ce qu'on appelle un « automatisme ».

En revanche, si vous caressez les côtes de votre ami(e), rien ne lui dira que cela veut dire qu'il (ou elle) doit avancer (au pas?) : il va falloir le lui apprendre. C'est la même chose pour le cheval: l'action des jambes ne résulte pas d'un effet mécanique, elle est apprise et s'affine au cours du dressage; elle est une convention établie entre le cheval et le cavalier.

Moyennant apprentissage, les jambes peuvent faire avancer, déplacer les hanches et intervenir sur les incurvations du rachis par la stimulation et la contraction de certains muscles. Elles demandent l'obéissance à leurs effets, par l'éducation de la sensibilité et de l'attention du cheval. Elles agissent alors dans deux sens:

– bilatéralement, pour incurver sagittalement le rachis;

– unilatéralement, pour influencer les incurvations horizontales.

Incurvation sagittale

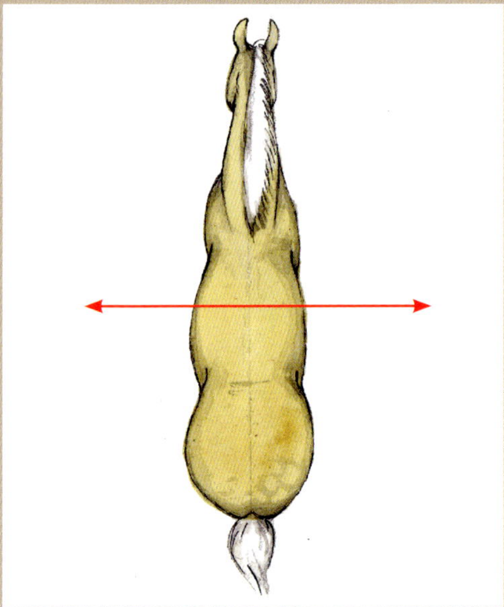

Incurvation horizontale

Sachant qu'un muscle se contracte généralement (sauf en cas de défense) avec comme insertion fixe l'extrémité la plus rapprochée de l'endroit où il est excité, vous pouvez peu influer sur l'une ou l'autre partie du corps du cheval.
Les trois grands muscles tombant directement sous l'action de la jambe sont :
– au niveau abdominal : le grand oblique et le grand droit de l'abdomen,
– au niveau pectoral : le pectoral ascendant.

Voici schématiquement résumée, l'action des jambes sur ces différents muscles.

Action bilatérale des jambes sur les incurvations sagittales

Sur le grand oblique (1)

L'action des deux jambes à leur place normale, ou légèrement plus en arrière, entraîne la flexion du dos-rein et l'engagement des postérieurs. La persistance de cette action provoque un état de contraction et une disposition du dos-rein qui oblige le cheval à se soutenir et le met « sur les hanches ».
L'action des deux jambes très en arrière occasionne une rupture d'équilibre en avant, due à un abaissement du thorax, puis sa traction vers l'arrière en cas d'action persistante (reculer).

Sur le grand droit de l'abdomen (2)

Disposé au mieux pour fléchir la colonne vertébrale, le muscle se contracte en arrière de la sangle, fait se vousser considérablement le dos-rein pouvant amener le cheval à l'acculement en cas de persistance.

Sur le pectoral ascendant (3)

L'action simultanée des deux talons en avant de leur place normale sur le pectoral ascendant tend à provoquer le ralentissement du cheval et la flexion de l'encolure.

Action unilatérale des jambes sur l'incurvation horizontale

Sur le grand oblique (4 et 7)

L'action de la jambe, en arrière de la sangle, active le lever et l'engagement du postérieur qui lui est associé. Son action persistante augmente, avec l'incurvation, ce même engagement. Le maintien de cette action, après le poser du postérieur, conserve l'incurvation, prolonge l'appui de ce postérieur et en retient la détente.

Sur le grand droit de l'abdomen (5)

L'action de la jambe en arrière de la sangle renforce la flexion du dos-rein.

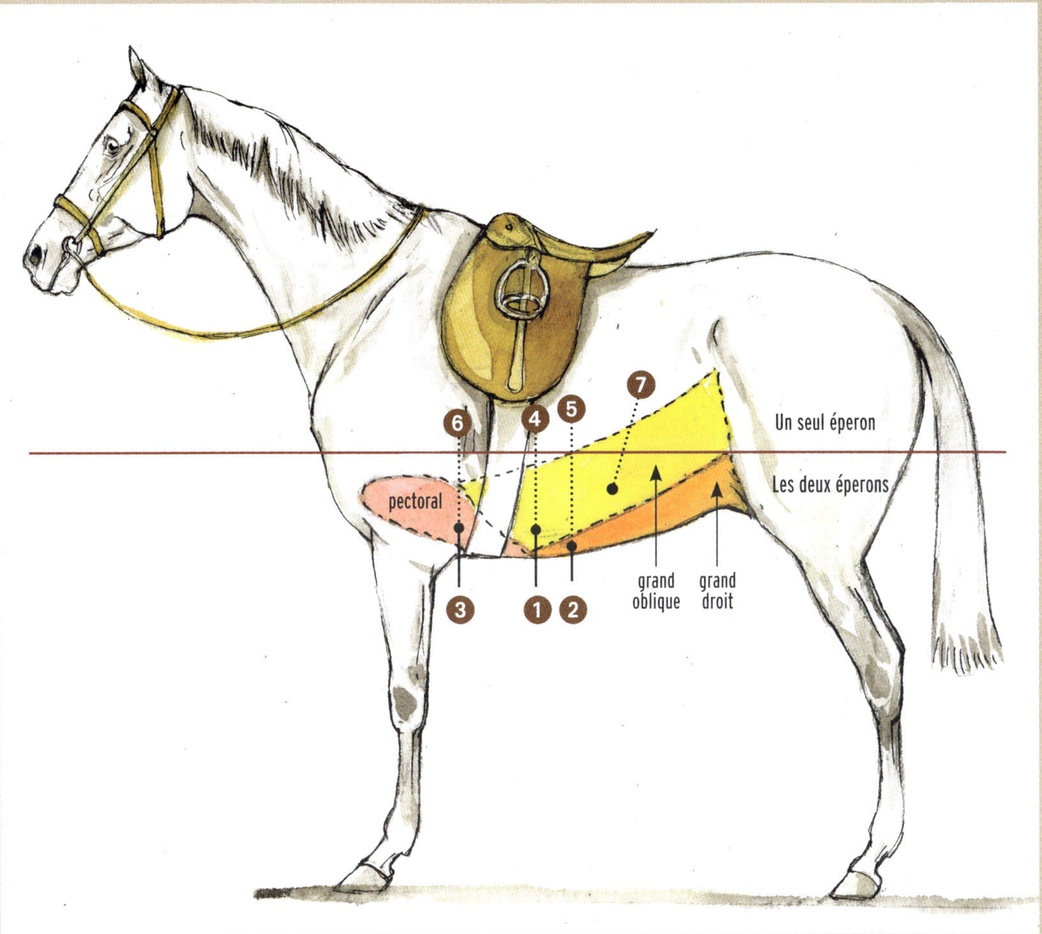

Action des éperons sur le corps du cheval.
1. Action bilatérale des 2 éperons en arrière de la sangle sur le grand oblique
2. Action bilatérale des 2 éperons sur le grand droit de l'abdomen
3. Action bilatérale des 2 éperons sur le pectoral ascendant
4. Action unilatérale sur le grand oblique
5. Action unilatérale sur le grand droit de l'abdomen
6. Action unilatérale sur le pectoral ascendant
7. Action unilatérale sur le grand oblique

Sur le pectoral ascendant (6)

L'action de la jambe en avant de la sangle attire et retient l'épaule en arrière, puis provoque l'incurvation de l'encolure du même côté.

Il va de soi que ces différentes « manipulations du corps du cheval » ne s'effectuent principalement qu'en équitation supérieure. Mais nous vous conseillons de les découvrir avec prudence et dans un souci d'expérimentation, afin de mesurer le degré de sensibilité de votre monture aux jambes : pour cela, placez-vous, à pied, à côté de votre cheval, appuyez sur les muscles suscités avec le bout de votre index pointé… et voyez ce qu'il se passe.

FRANCE

La place des jambes

À l'arrêt ou en mouvement, la place de vos jambes dépend de celle de votre bassin et de votre assise.

Pour une « bonne » position sur un cheval à l'arrêt, vous devez être assis d'aplomb, les fesses portant également sur la selle et le plus en avant possible. Lorsque le poids du corps est tout entier dans la selle, les jambes, dans leur ensemble, sont exemptes de toute raideur et tombent naturellement par le simple effet du relâchement des articulations des hanches, des genoux et des chevilles. Ce relâchement permet d'obtenir un certain contact des jambes avec le corps du cheval et de maintenir votre stabilité si vous ne prenez pas appui sur vos étriers et si vous ne serrez pas vos genoux.
Les cuisses s'allongent par leur propre poids et celui des jambes ; le genou est liant ; les jambes libres tombent naturellement ; les mollets sont en contact avec le cheval, sans le serrer.
La cheville est souple ; la pointe des pieds tombe librement quand vous n'avez pas d'étriers.

En mouvement, la souplesse et le jeu des trois angles-ressorts composant la « jambe » (c'est-à-dire l'articulation coxo-fémorale pour la hanche, l'articulation fémoro-tibio-rotulienne pour le genou et l'articulation tibio-tarsienne pour la cheville) permettent aux jambes de conserver leur place et leur emploi tout en autorisant le fonctionnement de l'assiette et la locomotion du cheval.

Chez ces deux cavaliers, les jambes tombent naturellement.

La position des jambes doit être naturelle et confortable, tout en gardant un caractère fixe et symétrique pour des actions de même nature.
Le descriptif que nous donnons dans les lignes qui suivent rappelle la position classiquement admise. Il est bien évident qu'elle ne s'intègre pas dans un système rigide de «paraître». Il ne s'agit pas d'être «beau» et incapable du moindre mouvement. Cette position doit prendre place dans la sensation que vous avez de votre cheval, et dans l'exercice recherché. Autrement dit, il ne s'agit pas de se placer, puis d'agir, mais d'agir en recherchant une meilleure position. Ce n'est qu'ainsi que vous tendrez à conjuguer efficacité et esthétique, car l'esthétique (même la meilleure) sans l'efficacité, et indépendamment du résultat, conduit à la raideur et à l'incapacité.
Il est néanmoins indispensable de tendre vers une meilleure position, car c'est elle qui offrira les meilleures possibilités d'emploi des aides.

Dans le travail du cheval, le bas de la jambe reste au contact (comme ici, lors d'une épaule en dedans).

Les cuisses

Les cuisses sont en contact avec la selle et tombent par leur propre poids et celui des jambes, grâce à la décontraction des hanches.
Leur plat est orienté vers la selle sans pour autant y être plaqué. Trop plaqué, on aboutit à une position contre-nature, interdisant la légère ouverture des genoux, sans compter que pour les garder ainsi, il faut sans cesse y penser et les contracter.
Les jambes, dans leur ensemble, dessinent deux arcs de cercle «enserrant» le cheval, et permettant par ce biais l'adhérence du bas de la jambe.
La cuisse doit donc être en contact, librement tombante, mais très légèrement ouverte.

Les genoux

Si les cuisses sont légèrement ouvertes, les genoux le sont aussi forcément: c'est ce qui les autorise à s'inscrire sur «l'arc de cercle du corps du cheval», et ce qui permet aux jambes de tomber librement et d'épouser ainsi naturellement la forme du corps de sa monture.

Notons que certaines écoles de dressage prônent la fermeture du genou, d'autres son ouverture. Nul doute que l'une comme l'autre de ces méthodes trouvent des avantages et des inconvénients. Quoi que vous préfériez, sachez que tout excès est toujours néfaste. L'excès d'ouverture se répercute souvent sur des pieds «en gendarme» et sur un manque d'adhérence, de fixité du bassin et des cuisses, tandis que son contraire (genoux «vissés» contre la selle) déplace l'assiette vers l'arrière, ne permet plus au bas de jambe d'être au contact (notamment sur certaines morphologies de chevaux) et entraîne souvent la raideur de l'ensemble du bas du corps. Dans les deux cas, cela nuit à un juste fonctionnement de l'ensemble de la jambe (et du reste du corps d'ailleurs). Genoux fermés ou ouverts, l'essentiel est donc que vous soyez à l'aise et que vous préserviez esthétique et efficacité... sans excès.

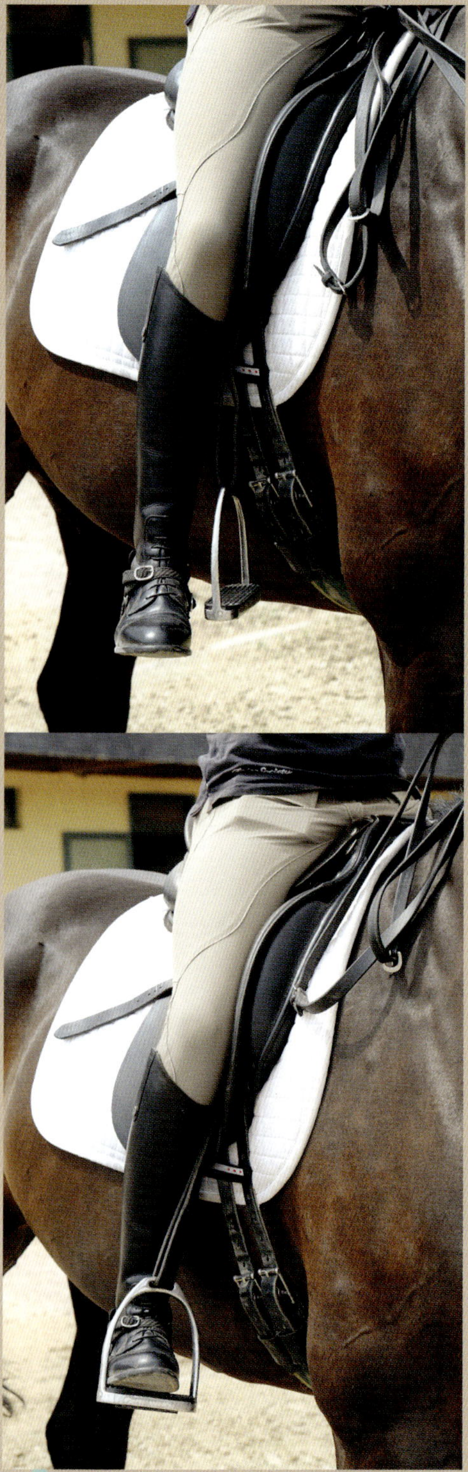

La cheville est relâchée. Pour chausser son étrier, le cavalier remonte sa pointe de pied, uniquement, sans bouger le reste de sa jambe.

Dans tous les cas, les genoux doivent être liants (comme les deux autres articulations hanches et chevilles), c'est-à-dire souples, flexibles et malléables. Ils doivent être aussi bas que possible, car ils commandent la position des jambes et de l'assiette : trop hauts, ils déplacent l'assiette vers l'arrière, tandis que trop bas, ils invitent les ischions à se placer vers l'avant.

La fermeture du genou (pression ferme contre le corps du cheval) ne devrait être nécessaire qu'exceptionnellement, pour donner un solide appui dans certaines circonstances (notamment en cross ou en saut d'obstacles).

Le « bas de jambe »

C'est une des parties les plus importantes : étant en contact avec le corps du cheval, elle transmet la volonté du cavalier à sa monture.

Le bas de la jambe doit être fixe (son ballant met les chevaux en désordre et interdit toute action précise), juste en arrière de la sangle, et en rapport avec les côtes et le renflement du ventre.

La notion de contact est à régler avec la sensibilité du cheval. D'une manière générale, vous devez garder un contact léger et moelleux et devez pouvoir « sentir la chaleur du corps de votre cheval à travers la botte ». Le contact permanent est nécessaire afin que le cheval ne soit ni surpris ni effrayé par une quelconque action, mais il ne doit pas ressembler à une pression continue, susceptible de blaser la monture et de la rendre insensible (d'autant qu'à jambes dures, cheval généralement dur sur la main).

Aussi léger que celui de la main, le contact des jambes doit s'apparenter à celui que les mollets exerceraient sur « des coussins en plume que le cavalier ne voudrait pas aplatir ».

La cheville

Elle doit être souple pour une complète liberté du pied, et exempte de tout battement, au trot assis notamment, pour ne pas détraquer l'allure (à cause de mouvements parasites).

Le talon et la pointe de pied

Les étriers reçoivent le poids de la jambe sur des étrivières qui doivent rester verticales comme un fil à plomb (le mollet se situant ainsi en arrière de ces dernières).

Les pointes de pieds sont naturellement basses sans étriers, et plus hautes que les talons quand ceux-ci sont chaussés. Elles sont très légèrement tournées vers l'extérieur et dirigées en oblique vers l'avant, selon un angle correspondant à celui pris par les cuisses par rapport à l'axe du cheval. Leur position doit se régler naturellement.

Si les pointes de pieds sont :

– exactement dirigées vers l'avant, le cavalier plie le genou, remonte ses mollets, et, soit il perd le contact avec le corps du cheval, soit il l'affirme trop ;

– tournées à angle droit vers l'extérieur, les jambes accrochent, deviennent raides, et il n'y a plus de tact possible.

Les talons, avec étriers, sont plus bas que les pointes de pieds car ils « reçoivent » le poids de la jambe. Cette orientation vers le bas occasionne une légère tension du mollet, le recul du genou et, par voie de conséquence, l'avancement des ischions, donc une meilleure assiette.

Penser à descendre les talons à chaque foulée en gardant une cheville souple (de droite et de gauche au trot, symétriquement au galop) permet souvent une meilleure adhérence des fesses dans la selle. D'ailleurs les enseignants disent souvent : « Mettez du poids dans vos talons ! » Attention cependant de ne pas appuyer sur vos talons, ce qui avancerait vos jambes !

Cette position s'applique sur un cheval à l'arrêt ; elle sera conservée en mouvement grâce au fonctionnement de l'assiette et de l'ensemble du corps aux différentes allures. C'est là un descriptif vers lequel vous devez tendre dans le mouvement. Pour cela, il serait illusoire de penser pouvoir vous placer à l'arrêt puis conserver l'attitude dans le mouvement. Vous ne gagneriez que raideur et inefficacité. Vous devez chercher l'esthétique dans la souplesse, le sentiment du cheval, l'efficacité, le but recherché, et vous corriger dans l'action, en fonction d'un objectif technique précis. En équitation sportive et lorsque le cavalier est en équilibre, les jambes sont de véritables « ressorts » amortissant les réactions du cheval. En se fermant et en s'ouvrant à volonté, les trois angles formés par les articulations de la hanche, du genou et de la cheville permettent une complète liberté d'évolution du corps du cheval, les épaules du cavalier restant sur une ligne parallèle au sol.

La bonne indépendance des jambes et leur juste emploi résultent, comme pour les mains, de la qualité de l'assiette : cette dernière est la clef de voûte équestre de l'indépendance des aides et de leur bon accord.

Quand les jambes tombent naturellement et enveloppent le cheval, elles peuvent servir de guide à votre cheval et vous permettre, à vous, de vous rendre compte de ses mouvements et de ses allures. Car plus qu'un moyen de conservation de l'équilibre, elles deviennent les antennes par lesquelles vous êtes averti de tous les mouvements. Ne pouvant, sans modifier votre position, observer du coin de l'œil les déplacements des pieds de votre monture, vous êtes dans l'obligation de les percevoir : c'est ce que nous appelons usuellement le « tact équestre ». Vous vous trouvez donc dans la situation de l'aveugle, obligé de remplacer, autant que faire se peut, « la lumière des yeux défaillante » par un sens du toucher progressivement éduqué.

Steinbrecht[8] écrit d'ailleurs : « De même que l'aveugle frôle tout doucement et silencieusement avec l'extrémité de ses doigts l'objet à examiner, de même c'est pour le cavalier une condition première de réussite que de laisser dans leur souplesse naturelle les parties de son corps par lesquelles, avant tout, il sent son cheval. Si son assiette remplit cette condition, il apprendra bientôt à sentir, à discriminer les mouvements des membres de l'animal, et il y gagnera le moyen de disposer d'eux d'une façon absolue, comme si c'étaient ses propres membres. »

8. Gustav Steinbrecht, 1808-1885.

L'étrier

Le développement de l'étrier aux alentours du VIIe siècle après Jésus-Christ aura des conséquences considérables sur l'histoire des sociétés. Permettant un bien meilleur équilibre à cheval, il transformera l'équitation au Moyen Âge.
Sa longueur variera durant l'Histoire pour s'adapter aux chevaux, aux cavaliers et aux équitations.
De nos jours, bien loin d'être l'accessoire qu'il représentait pour certains peuples (comme les Sassanides, l'un des meilleurs peuples cavaliers de l'Antiquité), il reste dans l'esprit de la plupart des cavaliers, un élément indispensable pour tenir à cheval.

Son rôle n'est pourtant pas là : il ne devrait être qu'une aide. C'est pourquoi il est toujours recommandé d'alterner les séances avec et sans étriers.
Sans étriers, vous développez votre fixité, votre assiette et la descente des jambes (c'est-à-dire leur décontraction, afin qu'elles tombent le plus possible vers le bas).
Avec étriers, vous améliorez le fonctionnement du bassin et surtout la décontraction des trois articulations hanches/genoux/chevilles.

Ce n'est guère qu'avec un panaché de ces exercices que vous pourrez espérer vous retrouver à cheval, assis sur les fesses, le centre de gravité placé bas, les jambes « indépendantes » du bassin et tombant naturellement. Loin d'être un moyen de tenue, les étriers deviendront uniquement les « récepteurs » du poids des jambes, et par-là même, à nouveau, un simple accessoire.

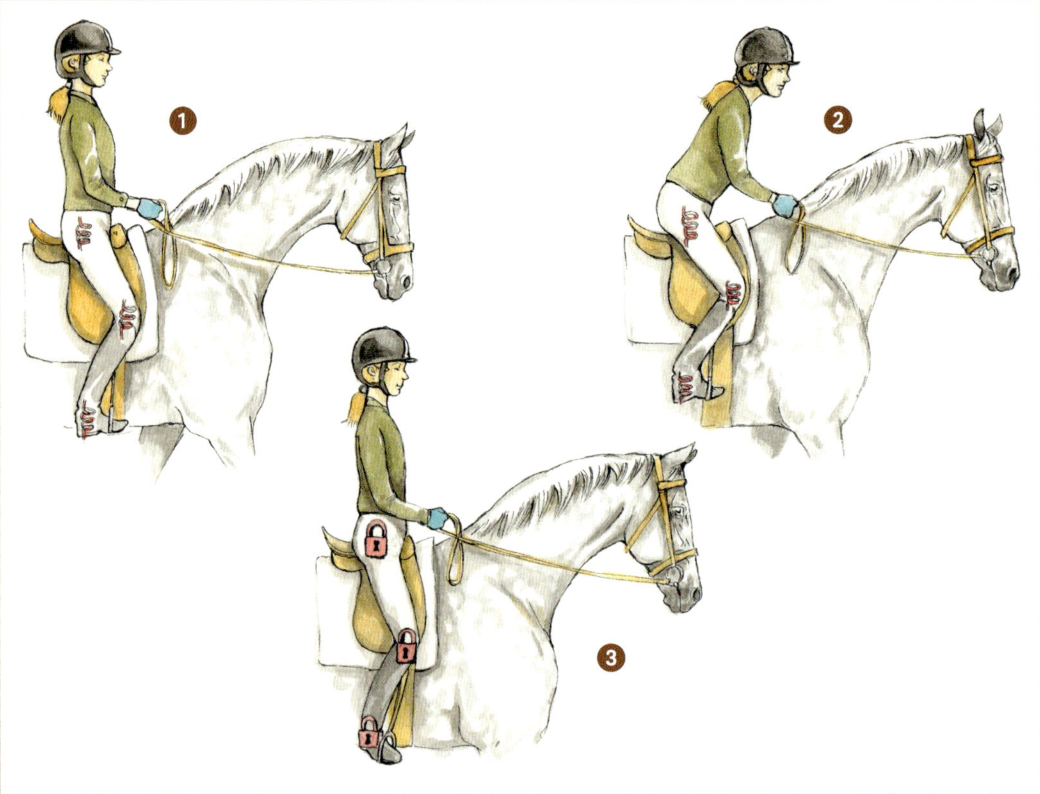

En dressage comme à l'obstacle, les articulations (hanches, genoux, chevilles) doivent conserver leur fonctionnement. Les cavaliers qui chaussent trop long ont tendance à bloquer leurs articulations des jambes, ce qui entrave considérablement un bon usage.

Régler l'étrivière

La longueur de l'étrivière n'est pas immuable. Elle varie en fonction de l'anatomie et du niveau du cavalier, ainsi que du travail que celui-ci s'apprête à réaliser.

Les cavaliers de dressage préfèrent être chaussés « long » afin de pouvoir « enserrer » le cheval avec les jambes, tout en conservant un contact optimum. Cela étant, être « chaussé long » n'est pas une finalité en soi. La longueur doit être adaptée à la « descente de jambe du cavalier » : si les étrivières sont trop longues, le cavalier perdra ses étriers, ou sera tenté de tendre les pointes des pieds pour les garder (il rigidifiera alors toute sa jambe). Dans tous les cas, il n'aura certainement pas ses talons sous les fesses et adoptera un fonctionnement faux. D'un autre côté, le fait de les allonger d'un trou, progressivement, trimestre après trimestre, permet aussi de favoriser la descente des jambes. Une fois de plus, il vous faudra allier l'un et l'autre dans un juste milieu.

À l'inverse, des étriers courts permettent un meilleur équilibre (notamment à l'obstacle ou sur le cross) et favorisent le bon fonctionnement du système amortisseur que représente l'ensemble de la jambe, ainsi qu'une « place des jambes » généralement juste (c'est-à-dire les talons sous les fesses).

D'un point de vue pédagogique, des étriers un peu courts incitent à reculer les jambes, et à conserver des talons sous les fesses, tout en leur permettant d'être descendus et libres de fonctionner (système amortisseur).

D'une manière générale, on dit que l'étrier est bien ajusté lorsque son plancher se trouve à 3 ou 4 centimètres du talon de la botte (c'est la longueur moyenne : elle variera ensuite suivant la discipline ou le travail), quand le cavalier est bien placé dans sa selle et que ses jambes tombent naturellement. Vous pouvez tout d'abord effectuer un préréglage avant de monter : posez votre poing sur le porte-étrivière, le plancher de l'étrier doit atteindre le creux de l'aisselle lorsque le bras est tendu.

La bonne longueur en dressage : le cavalier du haut est chaussé trop court (son genou dépasse du quartier de la selle, et ses fesses ont reculé). Par contre, le cavalier du bas est trop long, il étire sa pointe de pied pour aller chercher l'étrier, ce qui va bloquer ses articulations.

Ici, l'étrivière n'est pas sur son plat ; elle est tordue.

Mais la bonne longueur est déterminée en selle. Si vous êtes obligé de baisser la pointe de pied pour les toucher, c'est que les étriers sont trop longs. Si, à l'inverse, vous devez remonter la jambe pour les atteindre, ils sont trop courts (les genoux devenant trop hauts, les fesses sont chassées vers l'arrière, quittent le fond de la selle, et vous perdez votre fixité). À 3 ou 4 centimètres du talon, ils peuvent se chausser sans effort en remontant simplement la pointe de pied.

La position de l'étrier

L'étrivière doit toujours tomber à la verticale, quelle que soit sa longueur, et être à plat pour pouvoir s'enrouler contre la face interne de la jambe. Sa verticalité est le signe du juste équilibre du cavalier, qui est alors « au-dessus de ses pieds ».

L'étrier doit être chaussé au tiers du pied, la branche intérieure à peu près au milieu du pied et la branche extérieure légèrement plus en avant.

Régler ses étriers à pied.

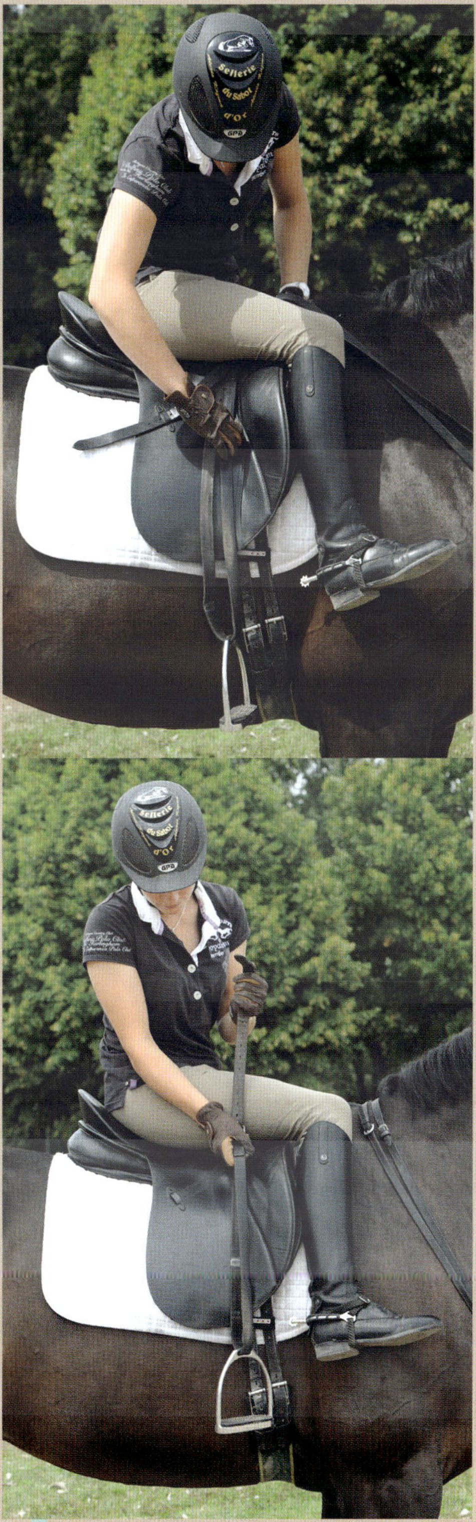

Ajuster ses étriers à cheval.

Cela occasionne une légère torsion de la cheville vers le dehors qui incite la jambe à bien envelopper le cheval, et le mollet à être au contact.
Mais au tiers du pied ne veut pas dire « au bout des pieds ». En effet, quand l'étrier est chaussé du bout des pieds, les orteils adoptent un « réflexe de piéton » qui les fait se contracter sur le plancher de l'étrier (comme pour l'agripper), ce qui a pour effet de bloquer l'articulation de la cheville. Il n'y a plus de décontraction possible.

Comment ajuster les étriers à cheval

De nombreux cavaliers les règlent par tâtonnements, sans les déchausser, une main modifiant l'ajustage pendant que le pouce place l'ardillon. Dans la pratique, cette technique est sécurisante (en cas de « pépin » le cavalier se retrouve sur ses deux étriers), mais elle ne demeure guère précise (les étrivières glissent rarement bien, l'ajustage est approximatif...).
Il vaut donc mieux mettre le cheval à l'arrêt et, compte tenu de l'importance que revêt une longueur bien adaptée, prendre son temps en utilisant ses deux mains pour les régler.
Retenez que la longueur des étriers conditionne une « bonne assise » et votre confort à cheval. Vous ne devez donc jamais négliger le temps nécessaire à les régler. Il en va de votre aisance et de la qualité de votre séance. Il est préférable de « perdre » 5 ou 10 minutes en début de chaque séance pour un bon ajustement, que de se retrouver gêné ou embarrassé pendant toute une reprise.

L'emploi des jambes

Avant de penser à vous servir de vos jambes, vous devez apprendre à les garder inactives dans un contact moelleux, afin qu'elles « accompagnent » les déplacements du cheval.

L'accompagnement aux différentes allures

Vous êtes assis sur le dos de votre cheval qui, par sa locomotion, imprime des mouvements à votre assiette et à vos jambes. Le déplacement des membres étant différent à chaque allure, les mouvements de l'assiette et des jambes sont eux aussi différents au pas, au trot et au galop. Chaque cavalier étant droitier ou gaucher, donc, par nature, dissymétrique, une jambe sera toujours plus souple que l'autre : ne serait-ce que parce que l'on monte à gauche et qu'ainsi les mêmes muscles travaillent en élongation (entraînez-vous à monter à droite comme à gauche).
Cette dissymétrie accentue évidemment celle, naturelle, que possède aussi le cheval. Nous allons indiquer les mouvements des jambes du cavalier aux différentes allures.
À chacun de faire, par la suite, son expérience pour les ressentir.

1. Au pas

Le pas est une allure :
– marchée, car il y a toujours deux membres au moins à l'appui et pas de temps de projection ;

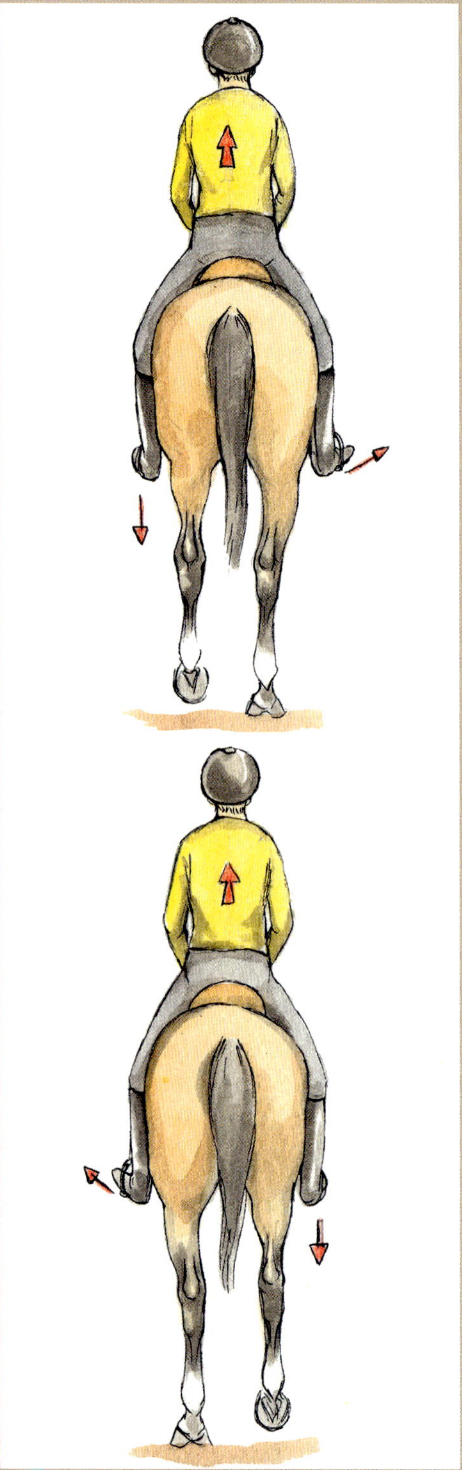

Le mouvement des jambes au pas : quand un postérieur se lève, la jambe correspondante descend, l'autre s'écarte légèrement.

– symétrique, parce que le geste d'un membre est répété par son homologue à intervalles de temps égaux ;
– basculée, parce que tout le corps du cheval effectue un mouvement de bascule en avant et en arrière, deux fois au cours d'une même foulée ;
– et à quatre temps égaux (quatre battues équidistantes).

Le dos-rein s'étend pendant la poussée de chaque postérieur, et se vousse deux fois par foulée pour faciliter l'engagement de chacun des postérieurs.
Le corps du cheval ondule de droite et de gauche, les hanches s'abaissant à chacun des levers des postérieurs.

C'est ce que perçoit le cavalier :
– lors de l'avancée du postérieur gauche, la hanche gauche du cheval s'abaisse, et son « ventre » (schématiquement) se déplace vers la droite. Les jambes du cavalier subissent alors un léger balancement vers la droite (dû au déplacement du ventre dans cette direction), alors que le talon de la jambe gauche (le cavalier sentant en fait sa jambe gauche plus pesante sur l'étrier) descend un peu plus que celui de la jambe droite (cela s'explique par l'abaissement de la fesse gauche du cavalier, elle-même conditionnée par l'affaissement de la hanche gauche du cheval) ;
– lors de l'avancée du postérieur droit, le phénomène s'inverse : le corps du cheval et les jambes du cavalier s'orientent vers la gauche, la fesse droite du cavalier s'abaisse, tandis que le talon de la jambe droite descend.

Le cavalier peut alors se servir de ce qu'il ressent pour augmenter l'amplitude de chacun des postérieurs. Lorsque l'un d'eux s'avance (du côté duquel sa jambe appuie sur l'étrier, visible par le fait que l'épaule du même côté se recule), il n'a qu'à exercer une pression de cette même jambe. Par l'excitation du muscle qu'il touche ainsi, et sa contraction, il augmente l'amplitude du postérieur. Renouvelée alternativement des deux côtés, cette méthode devient un moyen efficace d'améliorer les allongements.

2. Au trot assis

Le trot est une allure :
– symétrique, car le geste d'un membre est répété par son homologue à intervalles de temps égaux ;
– horizontale, car le corps du cheval tout entier y conserve la même position qu'en station libre ;
– par bipèdes diagonaux, car les membres sont associés deux à deux ;
– sautée, car les quatre membres sont en l'air, et à deux reprises, en une foulée ;
– en deux temps égaux, car les battues sont équidistantes.

À cette allure, le cheval sautant d'un diagonal sur l'autre, le poids du cavalier passe d'une fesse sur l'autre : à gauche quand le diagonal droit (antérieur droit et postérieur gauche) s'avance, et à droite quand le diagonal gauche (antérieur gauche et postérieur droit) s'avance. Le cavalier sent ainsi sa jambe gauche peser un peu plus sur l'étrier (et par conséquent son talon gauche descendre) lors de l'avancée du diagonal droit, et inversement sa jambe droite peser davantage sur l'étrier (donc son talon droit descendre) lors de l'avancée du diagonal gauche.
Notons que l'exagération de mouvement de descente alternative du talon peut être un bon moyen pour mieux « adhérer » à sa selle au trot assis.
Comme au pas, le cavalier peut se servir de ce qu'il ressent pour favoriser l'engagement d'un postérieur. Il lui suffit d'agir quand sa jambe descend (correspondant à l'avancée du diagonal opposé, donc au lever du postérieur associé à cette jambe – ce qui est visible par l'avancée de l'épaule opposée et le recul de l'épaule du côté où la jambe descend) pour favoriser l'engagement du postérieur.

3. Au trot enlevé

Quand le cavalier trotte avec le diagonal gauche, il se lève quand ce diagonal s'enlève du sol (le diagonal droit venant à l'appui) et s'assied quand ce dernier est à l'appui.

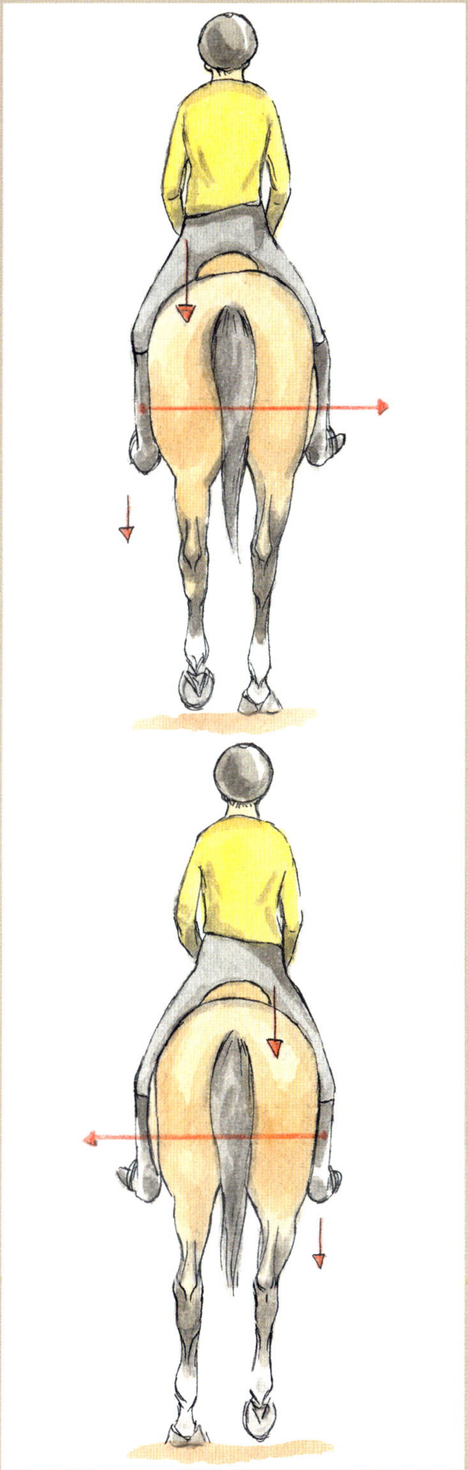

Le mouvement des jambes au trot : à chaque lever d'un diagonal, la fesse et la jambe du cavalier associées au postérieur, descendent. Le cavalier le ressent généralement plus nettement dans son talon.

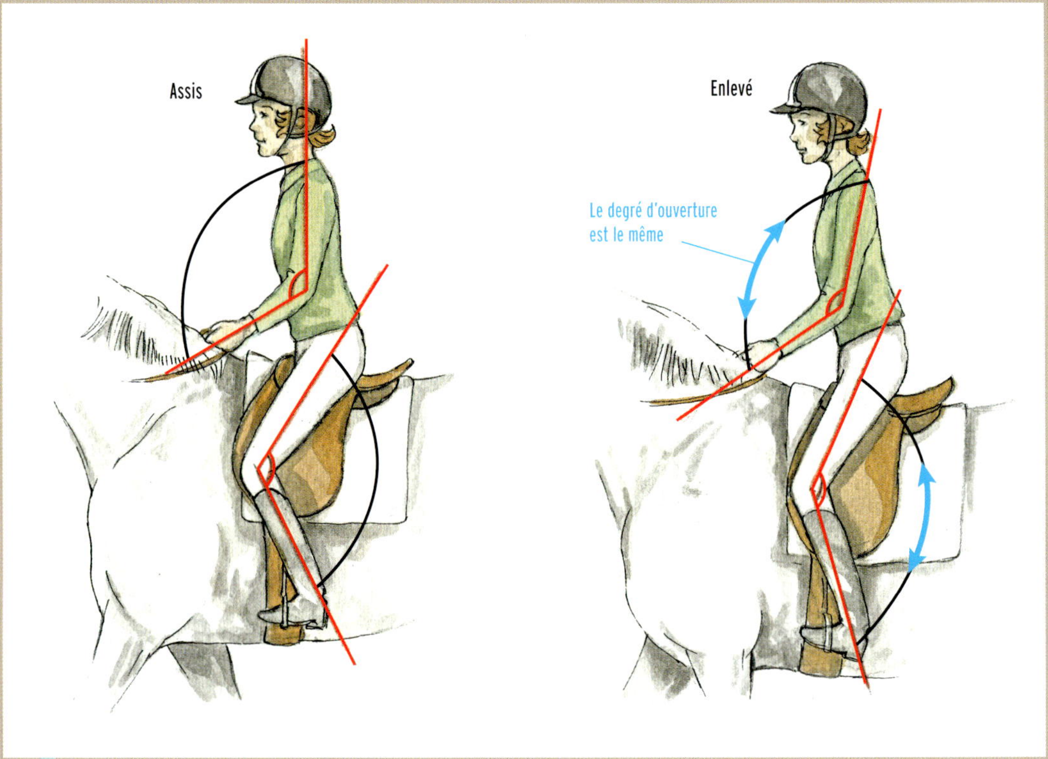

Au trot enlevé, lorsque le cavalier se lève, l'angle du coude et du genou s'ouvrent d'un même degré.

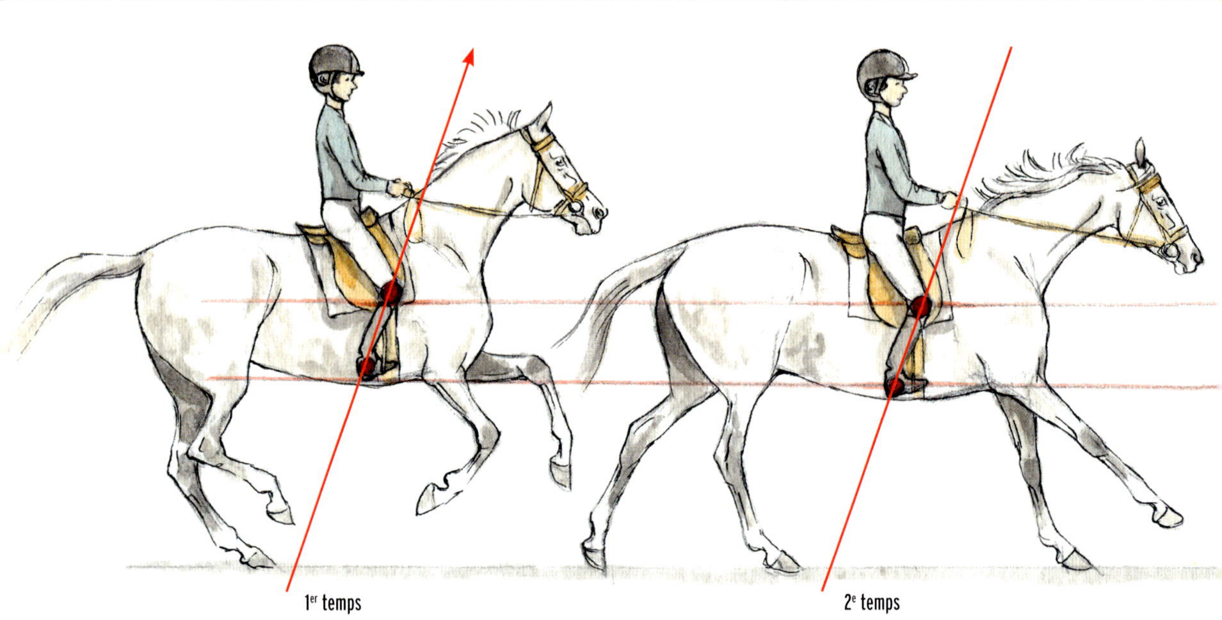

Le mouvement des jambes au galop.

Au trot sur le diagonal gauche, le cavalier s'assied en fait à droite du cheval, ce dernier jetant ses hanches à gauche. Il sent alors son talon droit descendre lorsqu'il s'enlève de sa selle (diagonal gauche à l'appui), sa jambe gauche s'écartant légèrement du corps du cheval. Lors du poser du diagonal droit, la jambe gauche se rapproche du corps du cheval, etc.

En France, on appelle trotter avec le bon diagonal le fait de s'asseoir lorsque le diagonal externe est à l'appui et de se lever lorsque le diagonal interne est au poser. Dans ce cas, et pour favoriser l'engagement du postérieur interne, le cavalier doit fermer sa jambe lorsqu'il s'enlève de la selle. L'opération n'étant en général guère aisée, vous pouvez vous asseoir lorsque le diagonal externe se lève : vous aurez alors plus de « force » dans la jambe interne pour favoriser l'engagement du postérieur interne (ce dernier se levant donc puisque le diagonal interne est à l'appui).

4. Au galop

Le galop est une allure dissymétrique, sautée, à trois temps (plus une période de projection), dans laquelle le corps du cheval a un mouvement de bascule.

Le cavalier a souvent l'impression d'être aspiré vers l'avant dans un premier temps, puis décollé de la selle, pour être renvoyé vers l'arrière dans un deuxième temps : c'est l'effet de bascule. En fait, le rein du cavalier se vousse lors du poser du postérieur droit (premier temps du galop à gauche), redevient droit lors du poser du diagonal droit (deuxième temps), se creuse lors du poser de l'antérieur gauche (troisième temps), et redevient droit lors du temps de projection.

Les jambes du cavalier suivent les mouvements du rein. Elles sont à leur place « normale » lorsque le rein est droit (deuxième temps, c'est-à-dire poser du diagonal droit, et lors du temps de projection) ; elles sont « infiniment » descendues,

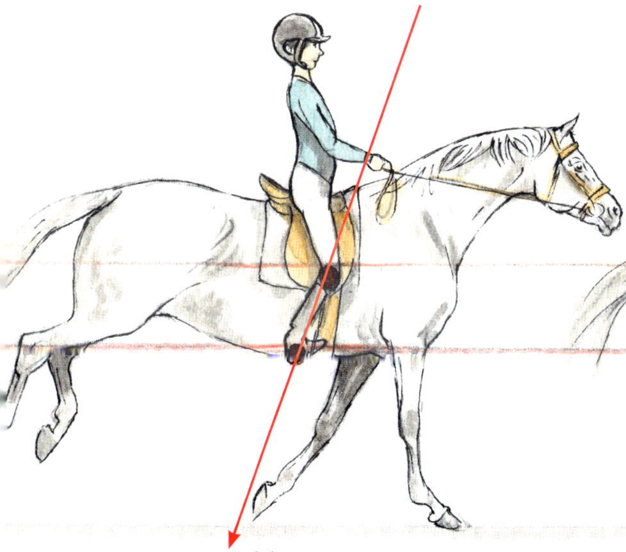

3e temps

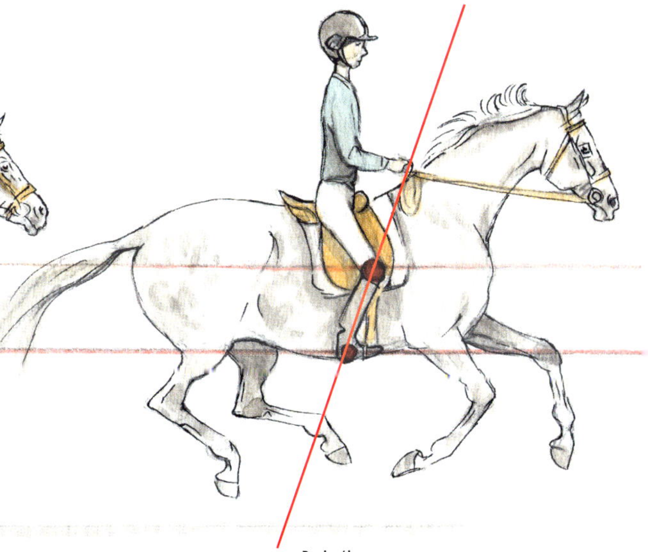

Projection

genoux reculés et talons le plus possible vers le bas, lors du troisième temps (poser de l'antérieur gauche) ; et elles sont légèrement remontées lors du premier temps (poser du postérieur droit).
C'est pourquoi le cavalier a l'impression que ses genoux reculent et que ses talons descendent au fur et à mesure que son bassin «glisse» vers l'avant dans la selle, puis que l'ensemble de ses jambes remonte quand son bassin retourne vers l'arrière.
Le fonctionnement des jambes et celui de l'assiette sont interactifs. L'un peut conditionner l'autre et inversement. Leur jeu est une étape indispensable dans la perception des mouvements des membres et du corps du cheval et, ainsi, dans l'acquisition du tact et du sentiment.

Dans cet appuyer, la jambe gauche du cavalier garantit l'incurvation. Elle est aussi impulsive et associée au postérieur gauche.

Actions des jambes

De par leurs différents positionnements et les combinaisons que l'on peut en faire (jambe d'impulsion, d'incurvation, isolée), les jambes peuvent régir et orienter l'arrière-main et ainsi pousser (jambe isolée agissante) les hanches, les empêcher de se déporter (jambe de position résistante), incurver (combinaison jambe isolée, jambe d'incurvation, rêne d'ouverture, rêne régulatrice), corriger, prévenir (légère action par anticipation), apaiser...

1. Le contact

Le contact est en quelque sorte la «pression de base» de la jambe – et principalement du mollet – contre le corps du cheval. Il est la référence sensitive (pour le cheval comme pour le cavalier) qui sert de lien de communication entre le cavalier et son cheval. Son dosage n'est guère simple à déterminer, car il dépend de nombreux paramètres comme le degré de sensibilité du cheval, son niveau de dressage, ainsi que du stade d'apprentissage où se situe le cavalier.
En règle générale, ce contact «de base» est doux et léger et ne résulte que de l'appui calme et passif des jambes qui tombent naturellement contre le corps du cheval. Il n'y a rien de plus à faire. Ce contact s'apparente alors à un «coussin de plumes» que le cavalier voudrait tenir sans risquer de l'aplatir. Il doit rester constant, afin d'éviter tout effet de surprise ou tout désordre lorsque les jambes reviennent contre le corps.
Vous tendrez vers un contact aussi léger que possible en relâchant progressivement vos jambes, en les laissant «mollement» tomber de chaque côté du corps du cheval, et en ouvrant l'articulation de vos jambes (et principalement celle de vos hanches).

2. Mode d'action

Tout comme les mains, les jambes peuvent agir, résister ou céder.
Elles agissent quand leur pression augmente dans le but de déterminer un mouvement.
Elles résistent lorsqu'une pression constante interdit un déplacement latéral de l'arrière-main. Elles contiennent alors les hanches et évitent qu'elles s'échappent de façon latérale en créant une sorte de «barrière». Barrière qui peut aussi être créée pour s'opposer au désengagement

des postérieurs. Elles résistent aussi quand elles empêchent le cheval de se contre-incurver.
Elles cèdent lorsque la pression diminue et autorise tout déplacement.

À propos du mot «cession», Pierre Chambry écrit dans *Allures et Sentiment*: «[...] Le mot est mal trouvé car il vient du verbe céder qui veut dire renoncer, abandonner [...] ce n'est certes pas ce que le cavalier doit faire! Et non du verbe cesser, qui veut dire: interrompre, mettre fin [...]. C'est le cheval qui cède par une cession, tandis que le cavalier fait une cessation quand il cesse d'agir. Encore un mot cavalier qui ne correspond pas à sa signification.»
Pour un cavalier confirmé, l'action des jambes dépend du niveau de dressage et de la sensibilité du cheval. Avec un cheval mis, une légère indication de l'assiette ou le simple durcissement des jambes, en particulier des mollets, suffit à créer et à entretenir l'impulsion.
Dans leur définition «équestre», les jambes commencent aux hanches (tout comme les mains débutent aux épaules), se prolongent par l'assiette, les cuisses, le pli du genou, les mollets, les talons, et éventuellement les éperons; leur action part de l'assiette, et se poursuit par les cuisses, les mollets, les talons et les éperons si nécessaire.
Elles agissent par pressions successives et discontinues, d'une manière enveloppante, d'arrière en avant. Si cela ne suffit pas, elles peuvent rappeler à l'ordre de manière plus ferme et plus énergique par:
– des battements (sur place et perpendiculairement au corps du cheval, comme si elles étaient deux lanières de cuir);
– des coups répétés (actions fermes: le talon agit de façon prédominante);
– le renfort de la cravache ou de l'éperon.
Elles cèdent lorsqu'il y a obéissance et cherchent toujours, dans le dressage, à diminuer d'intensité dans leur demande pour un même résultat: remplacez les coups répétés par des battements, puis par un simple durcissement, puis par une indication de l'assiette. Dans tous les cas, de l'assiette jusqu'aux mollets, l'action ne peut être effective que si les jambes restent fixes et les talons descendus:
– si les jambes manquent de fixité, elles n'accompagnent plus les balancements du tronc et martèlent les flancs à tort et à travers. Le cheval mou et paresseux se blase aux jambes, tandis que son contraire précipite ses allures et le met en désordre;
– si les talons ne sont pas descendus, l'action des jambes est faussée. Le cavalier agit d'abord avec ses talons (et non avec l'assiette), en reculant son bas de jambe et en relâchant l'adhérence de sa partie supérieure. Ses genoux s'écartent alors exagérément, les cuisses aussi, les épaules s'inclinent vers l'avant, et les talons ou les éperons se perdent en des interventions continues et intempestives qui n'ont pour effet que de contracter le cheval.

3. Action simultanée des deux jambes

Leur fonction essentielle et première doit être la mise en jeu de l'impulsion. Créer, développer et conserver le désir du cheval de se porter en avant, est et doit rester votre obsession quel que soit l'exercice. Même un déplacement de côté est d'abord un mouvement en avant, avant d'être un mouvement de côté.
L'impulsion est le «désir du cheval, naturel ou acquis, de se porter en avant». Mais il ne faut pas confondre ce «désir de se porter en avant» avec la fuite en avant ou la vitesse; l'impulsion est «un désir du cheval de se porter en avant, mais soumis à l'exactitude des aides, exploité en vue du but à atteindre» et toujours dans le respect de l'équilibre du cheval et de la régularité de sa cadence.
Un cheval dans l'impulsion est donc un cheval prêt à se porter en avant à la moindre sollicitation de l'assiette ou des jambes, mais aussi à

Le contact des jambes doit être adapté à la sensibilité du cheval.

« l'écoute attentive » de vos mains. En termes de sensation, vous devez conserver l'impression d'un cheval qui est devant vos jambes, mais qui n'a pas peur d'elles.
Pour cela, vous devez :
– réagir par degrés et suivant la sensibilité de votre cheval à chaque fois que votre monture repasse derrière vos jambes ;
– ne pas entretenir cette impulsion sur chaque foulée, afin d'éviter que le cheval ne se blase ; cela nécessite d'agir pour la provoquer, puis de céder pour que le cheval se meuve de lui-même (faites-lui confiance et ne pensez pas que « sans vous, il n'est rien ») ;
– agir avec délicatesse pour que votre cheval n'ait pas peur de vos jambes : pour cela, raisonnez en termes de mouvement de postérieurs plus qu'en termes de vitesse. Si, à l'action de vos jambes, votre cheval part comme un « hors-bord » en se creusant et se heurtant contre vos mains... vous êtes brutal et votre travail est faux !
Une fois que l'impulsion est effective, les jambes peuvent remplir d'autres rôles.
Vous pouvez vous en servir isolément ou simultanément. Dans ce dernier cas, elles mettent en mouvement, augmentent la vitesse ou changent l'allure. Elles restent inactives dans le cas contraire : l'entretien permanent de l'allure (en remontant continuellement les talons – défaut assez fréquent lorsque l'on trotte enlevé) n'a pour résultat que de blaser les chevaux et de les rendre froids aux jambes. Forcez-vous à ne rien faire !
Lorsqu'elles sont inactives, cela ne veut pas dire que les jambes s'écartent du corps du cheval. Elles restent en contact, mais vos muscles sont relâchés.
Vous pouvez aussi vous en servir alternativement en agissant au moment du lever du postérieur afin d'augmenter l'amplitude de ce dernier. C'est la méthode employée dans les allongements d'allures et notamment du pas et du trot (agissez lorsqu'une épaule recule, ce qui correspond à peu près, au pas comme au trot, au lever du postérieur du même côté).
Placées en arrière de la sangle, les jambes favorisent la contraction des abdominaux et la flexion du

dos du cheval. Le cavalier peut ainsi entretenir l'activité des hanches, conserver l'impulsion et contrôler ou faire varier l'équilibre. En effet, en augmentant plus ou moins l'engagement des postérieurs, vous favoriserez un équilibre plus ou moins montant chez le cheval qui a été éduqué comme cela.

4. Action d'une seule jambe

Placée plus ou moins en arrière de la sangle, la jambe peut intervenir de manière isolée et solliciter l'incurvation ou le déplacement des hanches. On parle alors soit de jambe isolée, soit de jambe d'incurvation. Comme dans l'emploi simultané des deux jambes, la jambe isolée et la jambe d'incurvation peuvent agir, céder ou résister.

Accord des jambes

1. Entre elles

Lorsque les deux jambes agissent simultanément, vous devez veiller à exercer une pression symétrique et égale avec chacune d'elles.
Lorsqu'une jambe agit seule, l'autre doit d'abord céder pour permettre l'action de la première, puis résister par la suite si nécessaire, pour contrôler l'éventuel déplacement des hanches ou la contre-incurvation.

2. Avec les mains

Loin de s'opposer, les actions des jambes et des mains doivent s'associer. En effet, les mains recueillent le mouvement en avant créé par les jambes[9]. N'entendez pas par là qu'il faille se servir de ses jambes en « tirant » sur la bouche. « Mains sans jambes et jambes sans mains »[10] est un principe simple d'instruction, facilement compréhensible par tous et possédant plusieurs avantages. D'abord, il évite le réflexe classique de celui « qui tire et qui pousse » en même temps. Ensuite, il économise la bouche et le corps des chevaux. ./...

Le tact des mains et des jambes est affaire de don mais aussi d'expérience et de travail. Ici, le célèbre cavalier de dressage Carlos Pinto, dans un allongement au trot.

Etienne Beudant, ici sur Vallerine, auteur de la célèbre maxime « Mains sans jambes et jambes sans mains ».

9. Voir *L'Usage des mains*, même auteur, même collection.
10. Étienne Beudant.

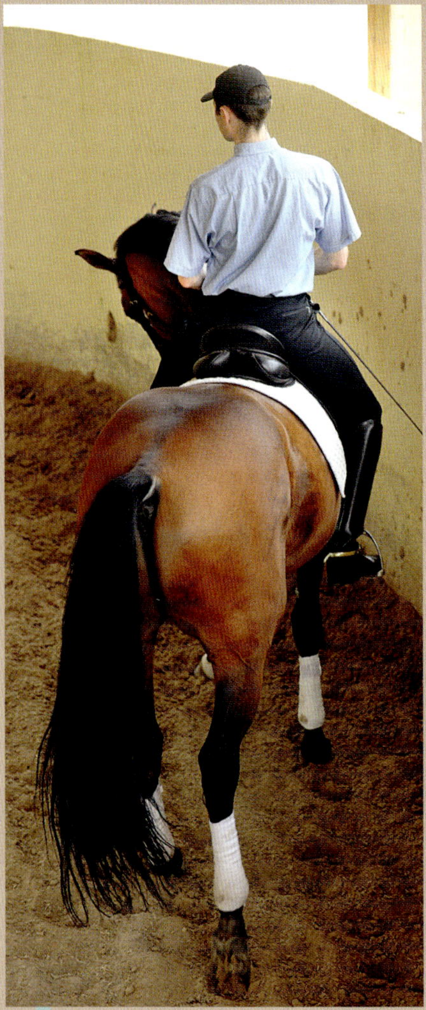

Sur cette « tête au mur », vous pouvez voir que le cavalier a reculé sa jambe droite, en jambe isolée.

La jambe isolée	
Elle peut agir seule et en arrière de sa place habituelle (ne s'utilise que d'un côté à la fois). Elle peut : – dévier la croupe du côté opposé à son action ; – tenir ou indiquer sans dévier, si elle se « coule » sans presser.	
Utilités	– travailler de deux pistes ou effectuer des pas de côté ; – contrôler la disposition des hanches dans l'incurvation et les départs au galop ; – aider à l'obéissance à certains effets de rênes (troisième effet par exemple).
Procédé d'exécution (pour une jambe isolée droite)	– « coulez » la jambe, de la hanche au talon, en arrière de sa place habituelle ; – exercez une pression perpendiculaire au flanc du cheval avec le gras du mollet ; – veillez à une plus grande efficacité en vous assurant qu'elle agit en cadence avec le jeu des postérieurs ; – gardez l'autre jambe à la sangle : elle conserve l'impulsion.
Effet sur le cheval	le cheval déplace ses hanches du côté opposé à la jambe qui agit.
Les défauts à éviter	Chez le cavalier : – remonter le talon ; – garder la pointe de pied sortie ; – reculer la jambe à partir du genou et non de la hanche ; – écarter la jambe d'impulsion. Chez le cheval : – répondre à la jambe isolée (c'est ce que l'on appelle « ruer à la botte ») ; – résister ou de ne pas répondre (s'aider d'une gaule ou d'une cravache) ; – précipiter l'allure (et modifier la cadence).
Remarques	– l'intensité de la pression doit varier avec l'obéissance du cheval et l'effet à obtenir (déplacer, contrôler, agir, résister) ; – son action ne doit ni altérer la cadence, ni la régularité de l'allure ; – la jambe isolée se recule à partir de la hanche : cela nécessite, pour être bien fait, que le cavalier « recule » et ouvre aussi sa hanche. En fait de « reculer », il doit laisser sa hanche externe prendre du retard sur sa hanche interne (celle de la jambe d'impulsion).

La jambe d'incurvation	
Elle agit à la sangle, de la hanche au talon, et en accord avec l'autre jambe. Son but est de ployer le cheval par son action pour obtenir l'incurvation.	
Utilités	– éduquer le cheval à se ployer sur les courbes et le travail de deux pistes; – éduquer le cavalier à obtenir l'incurvation par une action prédominante des jambes sur les mains.
Procédé d'exécution (pour une jambe droite d'incurvation)	– rênes ajustées, orientez votre regard, vos épaules et vos deux mains vers la droite; déplacez les deux mains dans cette direction; – effectuez une pression, à la sangle, de la jambe droite, perpendiculairement aux flancs du cheval; – gardez la jambe gauche à sa place ou légèrement reculée, prête à tenir les hanches; – la rêne gauche cède pour permettre le pli, puis régule l'incurvation de l'encolure et l'épaule extérieure.
Effet sur le cheval	le cheval s'infléchit régulièrement de la tête à la queue, en étendant son côté extérieur.
Les défauts à éviter	Chez le cavalier: – effectuer une action prédominante de la main intérieure qui agit par opposition. Chez le cheval: – s'échapper sur l'épaule extérieure ou déraper dans ses hanches; – se coucher sur sa courbe.
Remarques	le cercle est l'exercice de base pour travailler l'incurvation, ainsi que le mouvement et l'engagement du postérieur interne.

Sur cette «croupe au mur», vous pouvez voir que le cavalier conserve sa jambe intérieure (jambe «intérieure» par rapport à l'incurvation du cheval, donc la jambe droite) à la sangle, en jambe d'incurvation (et d'impulsion).

Page.104

Ch. Parrocel pinx. N. Tardieu Sculp.

l'Epaule en Dedans.

Le «tact des jambes», au XVIIIe siècle, magistralement illustré dans cette célèbre gravure de Charles Parrocel, extrait de *École de cavalerie*, de François Robichon de la Guérinière, et représentant une épaule en dedans.

./... Il est efficace dans l'instruction (tout le monde comprend qu'un cycliste ne freine pas quand il pédale!) et reste le meilleur enseignement à appliquer dans l'éducation du cheval!

S'il existe certains cas où les deux se combinent, mains et jambes n'agissent jamais en même temps: les unes agissent quand les autres résistent.

Une erreur classique consiste, dans la transition trot-arrêt, à agir avec ses mains tout en gardant ses jambes fermées pour garder l'engagement. De cette double action, il résulte toujours:

– soit un engagement excessif des postérieurs, qui rend le cheval fortement «sous lui». Cette attitude, trop contraignante pour le cheval, entraîne à son tour deux cas de figure: ou bien le cheval n'obéit plus aux jambes, ou bien il recule (par réaction) ses postérieurs dès l'arrêt (et se retrouve campé);

– soit une habitude croissante des chevaux à traverser la main ou à n'écouter que les aides qui agissent «avec le plus de poigne» (et adieu la légèreté!).

Les jambes et les mains n'agissent donc pas en même temps. Pour s'en convaincre, il suffit de savoir que les actions les plus simples et les plus naturelles sont toujours les meilleures.

Tact des jambes

Le tact des jambes dépend de l'intensité produite dans leur pression et de l'opportunité de leurs actions. Comme pour les actions de l'assiette ou de la main, leur qualité se résume en trois expressions: justesse, mesure et à-propos.

En termes simples, on ne doit se servir de ses jambes que lorsque l'on en a réellement besoin. Il est aussi blasant pour le cheval d'avoir un cavalier qui tambourine constamment avec ses talons, qu'un autre conservant des jambes exagérément serrées.

Sachez doser vos actions par rapport au mouvement à exécuter et à la réponse que vous donne votre monture. Tout excès est non seulement inutile, mais aussi nuisible, qu'il soit dans un sens (trop d'action) ou dans un autre (pas assez). Seul le travail, les heures de pratique et l'entraînement vous permettront d'apprécier le «minimum» d'effort à fournir pour l'exécution correcte de ce qui est souhaité. Cela étant, le meilleur conseil à donner est que le cheval doit se déplacer de lui-même et non sous la demande constante de son cavalier: mais vous aurez compris qu'il ne s'agit pas là que d'une éducation du cheval; c'est aussi au cavalier de ne rien faire et de ne pas penser qu'il est indispensable pour faire avancer sa monture.

L'éperon

Il existe des éperons de toutes sortes et de toutes tailles. Ils doivent s'adapter à la morphologie du cavalier, à son «savoir équestre», à la sensibilité de son cheval et à son degré de dressage.

Renfort de l'action de jambe du cavalier, l'éperon nécessite des jambes fixes (les mollets constituant alors le couloir permanent à l'intérieur duquel s'exerce l'activité des postérieurs) et au contact du cheval. Le cavalier détenant une véritable arme «au bout des jambes» (l'éperon étant à la jambe ce que la gourmette est à la main), il doit en user avec parcimonie, discrétion et à-propos.

On distingue trois modes d'action de l'éperon: le pincer, le plaquer et le coup d'éperon.

1. Le pincer

Le pincer est une aide de renforcement. Il consiste à rapprocher la pointe de l'éperon du corps du cheval. Il rappelle ainsi la présence du cavalier au cheval, dans les cas d'inattention ou de négligence de sa part sur les actions légères du mollet.

2. Le plaquer

C'est un échelon affiné de l'emploi de l'éperon consistant à n'appuyer que la partie interne de sa branche, ou simplement à effleurer. Son but est le même que le pincer pour un degré plus nuancé et plus précis.

Il existe toutes sortes d'éperons : simples et plus ou moins courbés (1 et 2), les schulteiss (3), à mollettes (les deux paires de gauche, photo 4), ou Prince de Galles (la paire de droite sur la photo 4).

3. Le coup d'éperon

Il consiste à percuter fermement le corps du cheval avec l'éperon, afin de le châtier. Compte tenu de la « barbarie » de l'acte, on ne saurait trop recommander au cavalier de ne jamais l'utiliser (il vaut mieux préférer la cravache !). Essayez de vous donner vous-même un petit coup d'éperon sur les côtes et vous prendrez bien conscience de la douleur qu'il provoque. La mauvaise exécution d'un mouvement résultant généralement davantage d'une mauvaise demande de la part du cavalier que d'une mauvaise volonté du cheval, il est préférable de n'en user que si votre expérience, votre esprit d'analyse et votre tact sont à la hauteur de vos exigences !

Bannissez les grands coups de talons armés de ces pics, comme on le voit encore parfois. Les chevaux acquièrent des bleus ou des gonflements à l'endroit des coups qui sont invisibles parce qu'ils sont sous les poils. Outre la douleur provoquée si vous appuyez dessus (et toute personne s'étant déjà fait un hématome sur le tibia par exemple, sait de quoi on parle), ils deviennent une source de défense, et (paradoxalement) à plus ou moins long terme, d'insensibilité.

Il faut donc régler leur usage en fonction des résultats à obtenir et du degré de sensibilité de son cheval, sans jamais perdre de vue que le but final est l'obéissance à la moindre pression de la jambe : si vous ne pouvez plus vous passer des éperons, c'est que votre travail ne va pas.

La cravache

Là encore, il existe des cravaches de multiples sortes et de toutes tailles. Originellement d'une longueur de sept mains, elle renforce l'action des jambes. Elle ne doit pas dépasser 75 centimètres en concours et est interdite en compétition dite « de dressage ».

Si elle peut servir à forcer l'obéissance à la jambe isolée, elle trouve surtout son utilité dans la mise en avant du cheval (elle est d'ailleurs à préférer à l'éperon dans ce cas-là).

Elle s'emploie en arrière de la jambe, et non sur la croupe ce qui occasionne souvent des ruades. Le cheval « fuit » alors le coup qu'il reçoit.
Le réflexe consistant à donner un petit coup de cravache sur l'épaule des chevaux pour déclencher un saut tient plus de l'effet de surprise pour le cheval et d'un effet psychologique pour le cavalier, que d'un résultat biomécanique. L'habitude n'est d'ailleurs guère bonne à prendre. Une fois adoptée, il est assez difficile de s'en défaire. Or, si le résultat est probant sur de petits obstacles, il s'avère vite catastrophique sur de plus gros, en parcours ou sur des combinaisons plus techniques.

Gaule, stick, houssine et badine

Ces quatre noms désignent des baguettes flexibles utilisées en dressage. Pouvant être en jonc (stick), en houx (houssine), ou en cuir, bois ou nylon (gaule et badine), elles ont une fonction similaire à celle de la cravache tout en étant plus longues (environ 1,20 mètre).
La gaule des anciens – un scion mince et flexible de coudrier ou de bouleau – ne devait jamais manquer ; c'était une partie essentielle de l'étiquette équestre que de la tenir avec grâce et de l'employer correctement. Elle procurait au cavalier le moyen d'occuper décemment sa main droite disponible

Pour le cheval, la réponse aux jambes n'est pas innée, elle s'apprend.

Au XVIIe siècle, on apprenait à monter les deux rênes dans la main gauche afin de laisser la main droite libre pour manier la gaule, tenue en l'air, la lance ou l'épée. Cela apprenait aussi à monter avec grâce. Ici, deux gravures de Crispin de Pas extraites de *Le Manège royal* (1623), représentant le roi Louis XIII (à cheval), et Antoine de Pluvinel (à pied).

et de l'habituer en même temps à tenir l'épée ou une autre arme, pendant que la main gauche, ou main de bride, prenait seule le soin de la conduite du cheval.
S'utilisant soit la pointe en haut (ce qui est aussi un excellent moyen de vérifier, au trot, la bonne fixité de sa main), soit la pointe en bas, elle a le mérite d'être, dans cette dernière position, directement en place derrière la jambe. Le cavalier peut ainsi agir sans rien changer à la position de ses mains. Très utile pour renforcer l'action de la jambe isolée, elle est en outre « l'outil » indispensable des amazones.

Les autres aides propulsives

Il existe d'autres aides propulsives renforçant directement ou indirectement l'action des jambes : le fouet d'attelage, la chambrière, la voix (dont on n'use pas assez souvent dans le travail journalier, et notamment l'appel de langue – interdit sur un carré de dressage), etc.

« Leçon de jambes » et éducation

La « leçon de jambes » consiste à employer la cravache afin de sensibiliser le cheval à l'action de la jambe. À l'arrêt, le cavalier la place dans une main en la positionnant en arrière de la jambe. L'autre main tient les deux rênes. Il ferme ses jambes et, si le cheval ne se porte pas immédiatement en avant, donne un coup de cravache en arrière de la jambe.
Si on a coutume de dire et d'enseigner que le cheval apprend ainsi à se porter vivement dans le mouvement en avant à la moindre pression des jambes, elle reste quand même d'un emploi assez discutable, utile à condition d'être exceptionnel. Les chevaux répondent effectivement aux jambes sur le moment. Mais ils le font plus par peur « des représailles » que par dressage. Il est d'ailleurs souvent nécessaire de recommencer régulièrement l'opération, notamment d'un jour sur l'autre, et parfois même au sein d'une même séance. Il faut alors généralement administrer un ou plusieurs coups, voire en en augmentant la force, ce qui finit toujours par blaser le cheval, oblige par conséquent à taper plus fort encore... et ainsi de suite.
La réponse aux jambes, nous l'avons déjà dit, n'est pas biomécanique. Elle est une convention établie entre le cavalier et sa monture. Elle est apprise et résulte en fait d'une disponibilité et d'une attention du cheval vis-à-vis de son cavalier : disponibilité qu'il faut chercher à conserver et à accroître, si l'on veut obtenir un cheval qui y réponde facilement. Or, si les coups de cravache pouvaient dresser, cela se saurait. Et il n'en est rien. La « leçon de jambes », telle qu'on l'enseigne régulièrement, permet le « réveil » à la jambe, mais pas l'éducation. Cette dernière ne peut résulter que d'un dressage progressif, construit et réfléchi... et d'un cavalier qui reste fin et qui use de ses jambes avec tact.
Préférez, au coup de cravache, des exercices sensibilisant le cheval à l'action des jambes et réclamant toute son attention : transitions, cessions à la jambe (dans le mot « cession », il y a l'idée de « céder » à la jambe donc d'obéir) et l'ensemble des assouplissements sont tout indiqués. En « jouant » avec votre cheval, en utilisant et en développant sa mobilité, vous en ferez un être attentif, à l'affût du nouveau mouvement ou de l'exercice suivant. La réponse aux jambes découle alors, car elle n'est plus un but, mais un moyen. Cavalier et cheval ne seront pas obnubilés par cette « réponse » mais simplement – et c'est quand même le plus important – par ce qu'ils doivent tous les deux faire. Elle sera de fait extraordinairement plus durable et pourra être affinée au cours du dressage.
Un des premiers remèdes vers l'obéissance aux jambes est donc bien souvent une éducation... du cavalier. À vous de tenir votre monture en « éveil ». Évitez les kilomètres de trot sur la piste (qui « endorment »), changez souvent de direction, d'allure ou d'exercice.

Le célèbre écuyer François Baucher sur Capitaine, avec un cheval maniable et dans une légèreté parfaite aux jambes.

Autre facteur favorisant la réponse aux jambes : ne pas remplacer par les mains ce que l'on doit effectuer avec ses jambes.

Qu'avons-nous tendance à faire ? Le cheval tourne ou ne tourne pas ? Nous ramenons nos mains. Le cheval ne s'incurve pas ? Nous lui tordons la tête.

Si le cavalier ne se sert jamais de ses jambes, il semble logique que sa monture finisse, un jour, par les « oublier. » S'il s'attache au contraire à privilégier leur emploi à celui des mains, nul doute que l'attention reviendra.

C'est ainsi la jambe intérieure qui doit pousser le cheval « par le milieu de son corps » vers l'extérieur d'un cercle, et non un effet d'opposition des mains.

C'est une longue « cession à la jambe » qui place le cheval à droite de l'allée cavalière, si on est à gauche, et non la main. C'est la jambe intérieure qui pousse le cheval dans son coin, et c'est une perpétuelle concentration du cavalier qui le pousse dans tous les coins.

C'est forcément en travaillant l'action des jambes que l'on y sensibilise le cheval.

Enfin, cherchez toujours à diminuer la « force » de la demande pour un même mouvement. Par exemple : votre cheval fait de bonnes cessions à la jambe ? Pourquoi ne pas tenter la même chose sans éperons ? Puis sans stick ? Puis le talon bien descendu en fermant simplement le mollet ? Puis simplement en déplaçant votre aide de poids[11] ? Dans le souci constant de remplacer toute action un peu « grossière » par une autre un peu plus fine, vous augmenterez l'attention et la sensibilité de votre cheval, et par-là même, sa réponse aux jambes.

Dernier conseil : que pouvez-vous faire quand, au cours de la séance, l'attention à la jambe diminue ? Évitez surtout cet affreux réflexe d'écarter les jambes et d'administrer un violent coup des deux talons. Le cheval se tétanise, il aura tendance à vous craindre, vous le rendrez insensible et il vous faudra toujours taper un peu plus fort. Préférez « sensibiliser » et commencez par marcher au pas les rênes longues (si vous en arrivez au point où il n'écoute plus vos jambes, c'est sans doute que vous êtes allé trop loin – il est fatigué et/ou il en a marre !).

Vous l'aurez compris, le grand coup de talon et la prétendue leçon de jambes par le coup de cravache doivent être utilisés avec parcimonie, à bon escient, voire être évités, afin de ne pas être la preuve de l'échec de celui qui frappe... quand il ne sait plus quoi faire.

11. Voir *Assiette et position*, même auteur, même collection, pour tout savoir sur les précautions d'usage de cette aide.

Le toucher de l'éperon.

Louis Cazeaux de Nestier en descente des aides, la perfection au XVIIIe siècle.
(document appartenant à Michel Henriquet).

La légèreté aux jambes

La légèreté aux jambes est l'obéissance du cheval à la moindre pression. Elle est effective quand on peut inciter le cheval, par une action prédominante du rein ou le faible toucher d'une ou des deux jambes, à :
– allonger ses foulées, par l'augmentation d'amplitude, sans accélération de cadence ni changement de position de tête ;
– s'arrêter en équilibre et sans changer de placer (le cavalier a alors l'impression que l'arrière-main s'abaisse et que les foulées précédant l'arrêt s'allongent, malgré le ralentissement de la cadence) ;
– aller de côté.
D'une manière générale, la légèreté aux jambes est ce vers quoi il faut tendre. Elle résulte de tout ce que nous avons dit jusqu'ici et, ainsi de la cohérence dans le travail, du désir de constamment diminuer l'intensité de la demande pour une même réponse...
Elle n'est pas un exercice, elle découle de la méthode de travail. Si vous avez ainsi le sentiment que votre cheval, au fil des jours ou des mois, est de plus en plus difficile à faire avancer (qu'il ratatine ses allures ou exécute de moins en moins bien ses allongements...), qu'il répond de moins en moins bien à vos jambes (êtes-vous obligé de mettre des éperons, chose que vous ne faisiez pas auparavant ?), nul doute que la manière dont vous vous servez de vos jambes ou votre technique de dressage n'est pas des plus adaptée.
Mais il n'y a pas de fatalité. Un dressage et une instruction cavalière bien menés s'accompagnent toujours d'une accession progressive à la légèreté aux jambes.

« Descente de jambe » et « descente des jambes »

La descente de jambe est liée à l'art équestre et au dressage. Elle a les mêmes raisons et les mêmes buts que la descente de main : les jambes « cèdent » dès qu'il y a obéissance afin d'être la récompense immédiate accordée au cheval, qu'il se meuve en « liberté surveillée » et en parfaite légèreté.
La descente des jambes est en rapport avec l'instruction du cavalier. Ainsi « descendre ses jambes » est le souci constant de les détonifier, pour qu'elles « descendent » et enveloppent progressivement le corps du cheval. C'est un des paramètres qui permet de « descendre » dans sa selle et d'améliorer sa fixité, son équilibre, son aisance, sa précision... Les mises en selle sans étriers sont un des meilleurs moyens de favoriser cela.

L'effet d'ensemble sur l'éperon

C'est une action très délicate dont nous ne parlerons ici qu'à titre indicatif. Essentiellement utilisée en équitation supérieure, « elle consiste à rapprocher du corps la main de bride (main gauche) en fermant progressivement les jambes jusqu'à un appui franc, continu et énergique des deux éperons. L'animal, obéissant au mors comme à l'éperon, se trouve alors sollicité par deux forces égales et opposées qui l'immobilisent alors ou, s'il est en action, l'obligent à continuer son mouvement régulier sans pouvoir le modifier ni dans un sens ni dans l'autre. Cet effet amène ou confirme la décontraction de la mâchoire, détruit tout principe de résistance, et immobilise le cheval à la volonté du cavalier »[12].
Préconisé par François Baucher[13], cet « effet d'ensemble » peut être aussi efficace qu'engendrer un grand nombre de défenses. Nous vous recommandons de ne pas vous y essayer... tout le monde n'étant pas Baucher !

12. Faverot de Kerbrech.
13. Célèbre écuyer du XIXe siècle.

Les défauts les plus courants

Nul n'est prophète en son pays et chacun de nous est criblé de défauts. Les reconnaître, c'est déjà faire un pas vers leur résolution. Tout comme les mains, on distingue, pour les jambes, des fautes de position, de fonctionnement et d'emploi.

Les fautes de position

Rappelons que toutes les fautes de position doivent se rectifier dans l'action et la sensation que le cavalier a, ainsi qu'en fonction du but (objectif technique) à atteindre.

Les jambes en avant

En perte d'équilibre arrière, le cavalier est pendu à la bouche de son cheval. Aucune « légèreté à la main » n'est envisageable. Le rein voussé l'assoit sur le gras des fesses, sur le coccyx, et écrase le rein du cheval. Le basculement du bassin entraîne une cuisse dirigée en oblique, un genou remonté et un bas de jambe avancé sans contact avec les flancs (sur « les épaules du cheval »). Le cavalier ayant tendance à étriver court et à s'appuyer sur ses étriers, son assiette est renvoyée vers le troussequin. Le cavalier n'agit plus qu'avec des coups, ce qui blase le cheval ou l'affole.

Les jambes en arrière

Dans cette position, le cavalier, assis sur l'enfourchure, se trouve en déséquilibre vers l'avant. Le bassin, bloqué en extension complète, tire les cuisses vers l'arrière. Le cavalier a tendance à étriver trop long, et à se raccrocher par les talons (plus

Des chevilles souples et des articulations liantes, à l'obstacle (1) ou en dressage (2). Voilà deux bonnes positions de jambes.

de « légèreté aux jambes » ; le cavalier s'en servant constamment, il en résulte souvent des chevaux « qui tirent »).

Les genoux serrés

Manquant de fixité et ne possédant pas l'assiette moelleuse et enveloppante nécessaire, le cavalier serre les genoux pour ne pas tomber. Les cuisses sont contractées, remontées, et le bas de jambe est ballant. Dans cette position, le cavalier a souvent tendance à « s'enrouler » autour de ses genoux à l'obstacle. Ses genoux sont alors un point fixe autour duquel il pivote au planer (conservant un angle cuisse/corps constant). Le bas de jambe est ballant, sans fixité, et met le cheval en désordre.

Les autres défauts

Les jambes serrées (blasent les animaux ou font des chevaux fuyant à la jambe et des montures à la bouche dure, ou qui tirent), les cavaliers qui n'ont pas de jambes (le cheval ne s'emploie alors jamais, n'avance pas), les jambes tournées vers l'extérieur, les pointes de pieds orientées vers l'extérieur (en « gendarme »), etc.

Les fautes de fonctionnement

La raideur

Elle empêche, par définition, tout fonctionnement. Elle se combat essentiellement par des séances de mise en selle (analytiques ou autres[14]), durant lesquelles le cavalier cherche à voir bouger ses genoux, à faire descendre son talon sur chaque foulée... ce qui favorisera leur relâchement, puis leur fonctionnement.

Le manque de tonicité

Le cavalier est tellement souple dans ses articulations que la jambe fonctionne excessivement. S'il « accuse » bien la locomotion du cheval, il est en revanche dans l'incapacité de fixer ses jambes. Il lui est difficile d'avoir des actions précises, d'autant qu'un excès de liant les rend souvent flottantes.

Les fautes d'emploi

Les principaux défauts d'emploi ont de multiples origines :

– fautes de position ou de fonctionnement ;
– absence du souci de diminuer la demande pour un même résultat ;
– méconnaissance de la manière d'utiliser ses jambes ;
– absence de sensation.

Cela se traduit toujours chez le cavalier, par des actions en force, « bourrues », et l'incapacité de « céder » dans ses jambes ; et chez le cheval par une sensibilité qui diminue, et parfois la crainte de son cavalier.

Quelques fautes d'emploi

– Le cavalier agit toujours trop fort. Il donne constamment des coups de talons, sans forcément chercher à diminuer sa demande. Cela blase certains chevaux et met en désordre les plus « chauds ».
– Il donne deux grands coups de talons, de toutes ses forces, si le cheval ne répond pas à une sollicitation minimale. Cela tétanise les chevaux, qui craindront leur cavalier.
– Il « verrouille » constamment ses jambes contre le corps de sa monture. Il la porte. Les chevaux deviennent insensibles à la jambe et impossibles à exploiter par des cavaliers ayant moins de jambes.
– Il entretient l'allure en donnant des jambes sur chaque foulée. Il faut agir, puis céder pour que le cheval se meuve « de lui-même ».

Le cavalier peut aussi faire des erreurs de dressage, en demandant un exercice trop difficile pour son cheval. Quand sa monture ne le réussit pas, il se fâche avec sa cravache ou à grand renfort de coups de talons pour punir cette « mauvaise volonté »...

14. Voir *Assiette et position*, même auteur, même collection, dans lequel les différents types de mise en selle sont détaillés.

Un bon usage des jambes passe par une bonne assiette et une excellente position. Se faire longer et jongler à cheval sont deux excellents exercices pour apprendre à se lier aux allures, sans utiliser ses mains ou ses jambes comme moyen de tenue.

Quelques remèdes

D'une manière générale, le meilleur remède est d'apprendre, d'apprendre encore, toujours, le plus possible.

D'une manière plus précise, une jambe bien descendue trouve avant tout son origine dans une assiette liante et enveloppante. C'est cette dernière qui permet au cavalier de ne plus utiliser ses jambes comme moyen de tenue. Ce sera donc par des mises en selle d'un caractère général et des situations spécifiques (objectifs techniques) réclamant l'usage des jambes que l'on s'améliorera.

En fait, s'il existe de nombreux exercices pour favoriser leur descente et leur décontraction (comme ceux que nous vous proposons ci-après), c'est surtout dans la recherche de leur usage (en fonction d'objectifs techniques précis) que l'on apprend à s'en servir.

Par exemple :

– dans l'incurvation : le cavalier a toujours du mal à cintrer son cheval entre ses deux jambes. Exercice : se placer sur un cercle de 15 mètres, agrandir le cercle par l'action de la jambe intérieure (pas de main), rétrécir, agrandir, etc.

– effectuer de longues cessions à la jambe (en utilisant de moins en moins les mains) ;

– évaser un cercle le long du pare-botte et partir en épaule en dedans ;

– les transitions longitudinales rapprochées (pas/trot/galop, allongements/ralentissements) favorisent la réponse à la jambe, l'attention et l'impulsion ;

– etc.

Les exercices de mises en selle traditionnelles sont pratiqués pour « détonifier » des jambes trop souvent « cramponnées ». Contrairement au fonctionnement du bassin qui nécessite l'utilisation active de certains muscles (fessiers, abdominaux, dorsaux), le fonctionnement du bas du

Jambes contractées, talons remontés : ce n'est pas l'idéal...

corps doit être dicté par une diminution de la tonicité des muscles de la jambe, par opposition à la tonicité qui est celle du « piéton ». Ces exercices peuvent s'effectuer à cheval ou à pied.

À pied

– jambes écartées (écart latéral) ;
– plier une jambe, puis l'autre ;
– se pencher en avant sans plier les genoux et toucher le sol devant soi, sous soi, puis le plus loin possible derrière soi ;
– lever latéralement une jambe puis l'autre ;
– assis, plante de pied gauche contre plante de pied droit, le tout le plus près du corps : descendre les deux genoux vers le sol ;
– assis, jambes tendues et écartées de 90° : toucher une pointe de pied, puis l'autre ;
– assis, une jambe repliée vers l'arrière, l'autre tendue : se coucher sur la jambe tendue en tendant les bras ;
– écart facial : plier la jambe avancée ;
– debout et appuyé contre un mur, talon gauche contre fesse gauche : prendre la cheville gauche à l'aide de la main gauche et amener l'ensemble le plus haut et le plus loin possible (sans dévier vers les côtés) ;
– pour la cheville : monter des escaliers en ne prenant la marche qu'au tiers du pied et en baissant le plus possible les talons ;
– etc.

... en prenant le temps de profondément respirer pendant tous les exercices favorisant l'élongation des muscles des jambes.

À cheval

Alternez les séances de travail avec et sans étriers. Sans étriers, vous développerez votre fixité, vous descendrez dans le fond de votre selle (les cuisses et les jambes tombent par leur propre poids), vous vous lierez aux mouvements du cheval et votre position se régularisera d'elle-même. Ce travail est tout particulièrement profitable au pas et peut l'être au trot et au galop si ces deux allures sont régulières et rassemblées. Avec étriers, vous vous attacherez à développer le mouvement de votre bassin dans la plus parfaite décontraction des jambes.

Les exercices

– flexion, extension et rotation du rein (se coucher sur l'encolure ou la croupe sans changer la position des jambes), mettre les jambes devant les quartiers de la selle (permet de bien sentir le mouvement du bassin), etc.
– coups de talons, aux trois allures, vers l'arrière et vers le bas (comme si le cavalier voulait frapper quelque chose un peu en arrière de la sangle – effectuer des séries de 20) ;
– élévation des cuisses (pédalage, rétropédalage ...) ;
– lever un genou et l'écarter le plus possible de la selle ;
– tendre un bras à l'horizontale et toucher la paume de la main avec le pied ;
– rotation des cuisses vers l'intérieur ;
– flexion des jambes (en ployant lentement le genou sans déranger la position de la cuisse ni celle du corps) ;
– rotation des pieds (cercles de bas en haut et de dehors en dedans, uniformes et lents) ;
– etc.

Pensez à toujours bien replacer votre bassin dans la selle après chaque exercice (une main au pommeau, faites glisser vos fesses dans la selle en remontant les genoux d'une façon énergique).

Comment développer la fixité de la jambe ?

Les exercices pour développer la fixité de la jambe sont innombrables. Citons les plus connus et les plus facilement réalisables :
– trotter enlevé sans étriers ;
– par extension, le cavalier peut alterner, toujours sans étriers, dix foulées de trot assis et dix foulées de trot enlevé... C'est un peu fatiguant mais très efficace !
– enchaîner de petits obstacles en sauts de puce (un, deux, trois, quatre, cinq... dix voire plus) sans les étriers, tout en se forçant à conserver la position d'équilibre ;
– dans le même ordre d'idée, vous pouvez aussi passer une ligne de sauts de puce avec étriers, mais en enlevant la sangle (tout en gardant la selle). L'obligation de garder vos mollets fermés et au contact, doublée d'un sérieux instinct de conservation, rendra vos jambes indiscutablement fixes, à leur place ;
– ces deux derniers exercices peuvent être effectués sur une ligne d'obstacles un peu plus hauts, à une foulée qui peut très bien, plus tard, se transformer en ligne alternant sauts de puce, une ou deux foulées, et des profils d'obstacles différents comme des verticaux, des oxers, etc.
– toutes les mises en selle traditionnelles à l'obstacle (sauter les yeux fermés, les mains derrière le dos, avec un étrier plus court que l'autre, en chantant...) concourent à l'amélioration de la position d'équilibre et par là même à la fixité de la jambe ;
– de même, tous les exercices visant, sur le plat, à modifier l'équilibre – s'asseoir sur le pommeau, puis sur la selle, en conservant les mains derrière le dos ; alterner les positions « debout-talons-hauts » (position « arabe », sur la pointe de pied) et « debout-talons-bas » (position « arabe » les talons descendus, position d'équilibre), etc. – sauront très largement contribuer à la fixité de la jambe ;
– il existe aussi des séances de mises en selle analytiques visant à faire ressentir les mouvements de son propre corps par le cavalier et à lui démontrer par la suite la corrélation existant avec les déplacements de son cheval ;
– un travail fin et précis permet aussi, à un certain niveau, de s'améliorer, puisqu'un tel résultat demande toujours finesse et précision de la part du cavalier ;

– monter de jeunes chevaux sur le plat comme à l'obstacle permet aussi d'affirmer son équilibre, son assiette et la qualité de ses jambes.
Enfin, c'est la fonction qui crée l'organe, et c'est donc « en forgeant que l'on devient forgeron » : plus vous monterez, plus vous apprendrez à monter ; dressage, obstacle, cross, horse-ball, voltige, tout est bon pour développer vos qualités cavalières.
Tous ces exercices seront très bien complétés par la pratique d'activités physiques comme le jogging ou la natation... l'équitation étant, somme toute, un sport.

Bibliographie

Albrecht, Kurt, *Les Dogmes de l'art équestre*, Paris, Crépin-Leblond, 1985.

Auvinet, Bernard, Estrade, Murielle, *La Santé du cavalier, Conseils pratiques pour une équitation sans risque*, Paris, Chiron, 1998.

Bacharach, René, *Réponses équestres*, Lausanne, Favre-Caracole, 1986.

Baucher, François,

Dictionnaire raisonné d'équitation, Paris, Émile Hazan, 1966.

Méthode d'équitation basée sur de nouveaux principes, Paris, Elbé, 1977.

Beudant, Étienne,

Main sans jambes... Lyon, Éditions de la Guillotière, 1945.

Vallerine, le testament d'un écuyer, Paris, Lausanne, Favre, 2005.

Bragance, Dom Diogo, *L'Équitation de tradition française, autrefois et aujourd'hui*, Paris, Belin, 2005.

Challan-Belval (colonel), *Dressage*, Paris, Émile Hazan, 1964.

Chiris, Bernard, *L'Art de monter à cheval*, Paris, Belin, 2003.

Chambry, Pierre, *Allures et Sentiment*, Paris, Maloine, 1990.

Decarpentry (général),

Préparation aux épreuves de dressage : Piaffer et Passage, Rennes, Paris, Oberthur, édition de 1932, réédité par PSR Éditions, 1997.

Équitation Académique, Paris, Émile Hazan, 1964

La Méthode de Haute École de Raabe, Berger-Levrault, 1957, réédité par Paris, Émile Hazan, 1980.

Conseils à un jeune cavalier (titre exact : *Les Conseils du général Decarpentry à un jeune cavalier : note sur l'instruction équestre et théorie du dressage*), recueillis par le colonel Xavier Lesage, présentés et édités par le général Durand, Paris, Lausanne, Favre, 2004.

Faverot de Kerbrech (général), *Dressage méthodique du cheval de selle*, Hazan, Paris, 1958

FFE/DNSE, *Les Épreuves de dressage : notes d'orientation à l'intention des cavaliers et des juges*, Paris, Lavauzelle, 1991.

FFSE, *Manuel d'équitation*, Paris, Lavauzelle, 1968.

Fillis, James,

Principes de dressage et d'équitation, Paris, Flammarion, 1903.

Journal de dressage, Paris, 1892.

Règlement pour le dressage du cheval d'armes, Loudun, PSR, 2003.

Force, Jean-Luc, *Enseigner l'équitation : manuel à l'usage des enseignants et de leurs cavaliers*, Paris, Lavauzelle, 2001.

Franconi, Victor, *Le cavalier et l'écuyer*, Paris, Jean-Michel Place, 1991.

Gérard, André, *Les maîtres de l'équitation classique*, Verviers, Bibliothèque des arts, 1974.

Henriquet, Michel,

L'œuvre des écuyers français, Paris, Belin, 2010.

Comportement et dressage, Paris, Belin, 2009.

Gymnase et dressage, Paris, Maloine, 1991.

30 ans de notes et de correspondances avec le maître Nuno Oliveira, Strasbourg, Cavalcade, 1999.

Le débourrage du cheval, Strasbourg, Cavalcade, 1999.

Le travail à pied, Strasbourg, Cavalcade, 1999.

Karl, Philippe,

Dérives du dressage modern. Recherche d'une alternative « classique », Paris, Belin, 2006.

Une certaine idée du dressage. Odin à Saumur, Paris, Belin, 2006.

L'Emploi des longues rênes, Paris, Belin, 2017.

Équitation : la gymnastique du cheval, Paris, Vigot, 1980.

L'Hotte, Alexis (général), *Questions équestres*, Paris, Émile Hazan, 1960.

Licart (commandant),

Comment apprendre à monter à cheval, Paris, Delmas, 1976.

Équitation raisonnée, Paris, Delmas, 1972.

Perfectionnement équestre, Paris, Delmas, 1972.

Müseler, Wilhelm, *Équitation*, Nancy, Berger-Levrault, 1966.

Oliveira, Nuno, *Œuvres complètes*, Paris, Belin, 2005.

Podhajsky, Alois, *L'Équitation*, Paris, Odège, 1968.

Racinet, Jean-Claude, *Baucher, cet incompris*, Loudun, PSR, 2002.

Saurel Étienne, *Pratique de l'équitation d'après les maîtres français*, Paris, Flammarion, 1964.

Sévy L. de,

Assiette, allures et réactions, Chapelot, Paris, 1920.

Les allures, le cavalier, Paris, Librairies Legoupy et Chapelot, 1919.

Steinbrecht, Gustav, *Le gymnase du cheval*, Paris, Epiac, 1963.

Swift, Sally, *L'Équitation centrée*, Paris, Belin, 2016.

Enfin, pour prolonger ce sujet en particulier :

Raymond Riancé, *Choisir son embouchure*, Paris, Belin, 2011.

Guillaume Henry, *L'usage des mains*, Paris, Belin, 2015.

Guillaume Henry, *Assiette et position*, Paris, Belin, 2017.

Également aux Éditions Belin

Dans la même collection

Placer son cheval, Guillaume Henry, 2011.
Le travail au pas et au trot, Guillaume Henry, 2012.
Travail au galop et changement de pied, Guillaume Henry, 2012.
Cadence et amplitude, Guillaume Henry, 2012.
S'initier au travail à pied et à la longe, Guillaume Henry, 2013.
Assiette et position, Guillaume Henry, 2015.
Les assouplissements du cheval, Guillaume Henry, 2016.
L'usage des mains, Guillaume Henry, 2017.

Retrouvez toutes nos nouveautés sur notre site www.editions-belin.com

Si ce livre vous a plu, si vous avez certaines remarques à formuler
ou certains renseignements à demander, écrivez à : *gheditions@gmail.com*

IMPRIM'VERT®

Imprimé en France par SEPEC à Péronnas
N° d'imprimeur : 17932170318 – Dépôt légal : mai 2017
N° d'édition : 41000560-01